サステナビリティ入門
「ふきげんな地球」の処方箋

三橋規宏 編

目次

まえがき 三橋規宏——2

はじめに 地球が本気で怒りだす前に——4
- サステナビリティの定義…5
- 知っておきたい自然科学的循環システム…7
- 「地球限界時代」の経済領域…12

1. こんな地球に誰がした？——15
- 地球の限界に突き当たった「膨張の時代」…15
- 指したい近代思想…23
- 枯渇化目立つ地球の資源…28
- 採掘による有害物質を含んだ廃棄物の大量排出…35
- 自然の征服を目指した近代思想…23
- 金属資源…
- 資源多消費型のスタイル…38

2. 「ふきげんな地球」狂騒曲——47
- 地球温暖化が引き起こす気候変動の脅威…47
- 激化する資源の争奪戦…59
- 失われる生物多様性…66
- 深刻な経済、社会への影響…70

3. 人類が変われば、地球も変わる——78
- 地球温暖化が引き起こす気候変動の脅威…47
- 地球の限界を踏まえた新しい経済学・経営学…85
- 自然と共存・共生できる科学と技術…78
- ライフスタイルの改革…100
- 自然共生型の哲学・思想…97
- 地球限界時代にふさわしいモラルの構築…110

おわりに ピンチはチャンスにもなる——115

まえがき

　地球が、極端にふきげんになっています。人類の歴史を振り返ると、地球と人類は長い間、ずっと良好な関係を保ってきました。食料や資源、きれいな空気や水、生活していくための適温の維持など、地球がもたらしてくれる様々な恵沢を人類は心ゆくまで享受してきました。この良好な関係が、20世紀後半の「膨張の時代」を経て壊れてしまいました。人類は豊かさを求めて、地球資源を無秩序に大量に採取・採掘、乱費し、有害物質を自然界にバラ撒き続けました。その結果、温暖化に象徴される深刻な環境破壊、資源の枯渇化現象を引き起こしてしまいました。辛抱強い地球もさすがに怒りをあらわにし、ふきげんになりました。最近の異常気象——酷暑、熱波、干ばつ、巨大化し荒々しくなったハリケーンや台風、集中豪雨、洪水、氷河の融解、潮流の海岸侵食、海面水位の上昇などは、地球の怒りの現れと言えるでしょう。

　地球は、有限な惑星です。資源は使えば使うほど減少し、やがて底を突いてしまいます。有害物質を自然の環境許容限度を超えて過剰に排出すれば、自然環境は急激に悪化してしまいます。地球は一つのシステムとして動いているので、どこか一つが壊れると、次々と連鎖的に破壊が進んでしまいます。

　大気、水、土壌などで構成される自然環境、そこで生活す

る様々な生命体は、それぞれ独立に存在しているわけではありません。相互に微妙な関係を維持しながら存在しているわけです。きれいな空気、水、土壌を保つためには、生態系が大きな役割を果たしています。植物と動物の間も複雑な共生、共存、対立関係で成り立っています。人間活動が原因の温暖化は、今や制御不能なほどの気候変動を引き起こし始めています。

様々な因果関係で成り立っている地球環境が悪化してしまったのは、システムとして地球を捉える視点が大幅に欠落していたからです。本書を通して読者の皆さんは、地球がどのようなシステムで動いているのか、有限な地球と人間が共存していくためのルールは何かについて、ぜひその基本を学んでほしいと願っています。

本書は、千葉商科大学政策情報学部の環境担当教師ら7名が、3年かけて取り組んできた「サステナビリティとは何か」の座談会をまとめたものです。幸いなことに、教師陣は文系、理系出身の混成チームなので、それぞれの専門の立場から、「ふきげんな地球」の処方箋について語り合いました。それだけ、広がりと深みができたと思います。

なお、本書の座談会メンバーは、昨(2007)年、海象社から出版した『サステナビリティ辞典』の編集委員でもあり、本書とは姉妹関係にあります。本書と辞典を併用し、持続可能な社会づくりの手引書に利用していただければ幸いです。

2008年9月

千葉商科大学政策情報学部教授

三橋規宏

はじめに
地球が本気で怒りだす前に

　司会●地球温暖化による異常気象が、世界各地で暴れ回っています。猛暑、熱波、山火事、干ばつ、巨大化したハリケーン、台風の来襲、豪雨、洪水、潮流変化による陸地の浸食など数え上げれば切りがないくらいです。一方、資源の過剰消費によって、原油や様々な金属資源、食料などの価格が暴騰しています。地球を酷使してきた結果、忍耐強い地球も悲鳴をあげ、ふきげんになっています。地球がふきげんになった理由は、地球が本来持っている自動調節機能が壊され、地球の「サステナビリティ」（持続可能性）が失われてしまったからに他なりません。

　このため、改めてサステナビリティが世界的に関心を集めています。わが国の学界でも、個々の大学ベースで、あるいは大学の垣根や研究者の専門領域を飛び越えて、サステナビリティについて横断的、学際的、複合的な様々な研究会が発足し、「サステナビリティ学」の構築を目指す動きも見られます。持続可能な地球を早急に取り戻さないと、地球が本気で怒り出し、人類の拠って立つ生存条件そのものが失われてしまうという危機感も強まっています。

　そこで、『サステナビリティ辞典』（小社刊）の執筆に参加していただいた皆さんにお集まりいただき、「ふきげんな地球の処方箋」について、率直に話し合っていただきたいと思いま

座談会参加者 プロフィール

三橋規宏 千葉商科大学政策情報学部　教授
【担当科目】環境経済論、環境政策論、生態システム、新エネルギー論、現代社会、環境経営、評価研究

丹羽宗弘 千葉商科大学政策情報学部　教授
【担当科目】地球環境、科学史、環境と医療、新エネルギー論、生体環境科学研究

谷口正次 千葉商科大学政策情報学部　客員教授
【担当科目】環境と資源、環境教育論、ケースメソッドⅡ（環境関連）

遠藤堅治 千葉商科大学政策情報学部　客員教授
【担当科目】環境経営、静脈産業論、環境関連特殊研究Ⅱ（環境コミュニケーション論）

平原隆史 千葉商科大学政策情報学部　准教授
【担当科目】環境と社会、環境影響評価、ライフスタイル論、環境マネジメント演習Ⅰ

五反田克也 千葉商科大学政策情報学部　専任講師
【担当科目】環境学入門、食と環境、環境政策史、環境と技術、温暖化論

松尾寿裕 株式会社　ライトレール
千葉商科大学大学院政策情報学研究科　2007年度修了生

す。最初に、本書のサブタイトルでもあり、「ふきげんな地球の処方箋」のキーワードとなる「サステナビリティ」の定義について、三橋先生からお願いします。

サステナビリティの定義

三橋●サステナビリティについては、まだこれと言ったは

っきりした定義はなく、論者によってかなりの認識の違いがあります。その中で、最も参考にされている定義としては、国連の「ブルントラント委員会」(環境と開発に関する世界委員会)が、1987年に出した報告書「我ら共通の未来」(Our Common Future)の中で、提示された「持続可能な開発」(sustainable development)という概念です。それによると、持続可能な開発とは、「将来世代のニーズを満たす能力を損なうことなく現代世代のニーズを満たすこと」と定義されています。報告書は、さらに持続可能な開発のためには、生態系の全体的な保全を図ることが必要であり、天然資源の開発や投資の方向、技術開発の方向付け、制度改革がすべて一つにまとまり、現在及び将来の人間の欲求と願望を満たす能力を高めるように変化していく過程である、と述べています。

ここでは、この考え方を参考にして、議論を拡散させず、一般論で終わらせないために、サステナビリティを次のようにお考えいただき、それを前提にして話を深めていただきたいと思います。

サステナビリティとは、「健全な地球の営みを過去から現在、そして未来へ途絶えることなく引き継ぐこと」とさせていただきます。さらにサステナビリティの実現のためには、①地球有限性の認識、②生態系の全体的な保全、③未来世代への利益配慮——の3条件が満たされることが必要です。

地球は一つの大きなシステムであり、生命体の細胞レベルから、個々の生物、人間、人間社会、生態圏、さらに全地球レベルと様々なステージを含んでおります。サステナビリティを考える場合も、様々なステージからの発想が大切です。

オゾン層の破壊、温暖化など地球規模で起こっている環境問題は、その現象だけを取り上げて考えてもなかなか本質的な解決策に辿り着けません。地球そのものが、一つの大きなシステムとして機能しているからです。地球は有限な存在です。その有限性を無視すれば、必ずどこかで矛盾が生じます。例えば、温暖化がなぜ問題かと言えば、大気中の二酸化炭素（CO_2）濃度が急激に高まり、気候変動に大きな影響を与えるためです。なぜ大気中のCO_2濃度が高まるかと言えば、人間活動の広がりによって、石油など化石燃料が過剰に消費され、CO_2が大量に排出されるためです。しかし、大気圏が無限であるなら、いくら大気中にCO_2を排出しても、濃度が高まることはないはずです。大気中の濃度が高まるということは、逆に言えば、大気圏が有限であるからであり、必要以上にCO_2が増え続ければ、大気中のCO_2濃度は高まります。

それゆえ、地球のサステナビリティを考える場合は、地球の構造を正しく理解することが必要です。具体的には、地球の物質はどのようなメカニズムで動き、どのような限界を備え、限界を超えてしまうと、どのような問題を引き起こすのかなどの原理、原則をまず知ることです。

知っておきたい自然科学的循環システム

五反田●地球のサステナビリティを考える場合、まず「物質循環」を理解することが必要です。生命体の存在を排除した無機的環境において、すべての物質は循環しているということです。隕石などによって地球外からもたらされる物質以

外については、すべて地球の中でかたちを変えながら循環していることになります。例えば、炭素という物質についてみると、大気中では二酸化炭素、水中では炭酸水、地殻中では石灰岩、生態系では植物体などとして存在しており、光合成などを通して循環しています。循環して失われることがないので、放射性元素などを除いた場合、地球全体としてみた物質の総量は変わらないことになります。先日、私の授業でこの話をしたところ、一人の学生から質問がありました。地球から宇宙衛星を打ち上げ、それを回収しなければ、それに使われている物質は、地球からなくなるのではありませんかと。それは、その通りですね。ただしそれは、人為的行為の結果であって、自然の状態では起こり得ません。また人為的に宇宙へ放り出された物質量は、サハラ砂漠の一粒の砂以下の存在で、無視できるものです、と答えておきました。

　地球を構成している物質は、様々なかたち、エネルギー、媒体を利用して循環しています。例えば、今地球温暖化の悪役とされている炭素ですが、これも近代に入って地球上に突然増えたわけではありません。炭素は、岩石中には他の物質と結合して鉱物を構成し、植物中では窒素と結合して植物の体を作っています。海や大気中には酸素と結合して二酸化炭素として溶け込んでいます。かたちの違う炭素の化合物が、自然のエネルギーや人間の力によってかたちが変えられ、存在する場所が変わることで循環しています。

　炭素の他にも酸素、窒素なども同じように循環しています。この循環は、人間や他の生物がいなくても起こります。炭素や酸素は、大気と海洋の間では交換が行われています。生物

は、この循環の一部分を担当しているわけです。植物は、光合成により大気から炭素と地中から窒素を吸収し、酸素を大気に放出します。人間は、この循環を大きく変えてしまうだけの力を手に入れ、行使したために循環系が大きく変化してしまいました。

　生物がいない世界での物質循環について、もう少し具体的な例を示して説明しましょう。地球の表面は、硬い地殻と呼ばれる岩石によって覆われていますが、この岩石は地殻の下から火山活動によって運ばれてきます。地表に現れた岩石は、やがて雨や風によって破壊され、水や風によって運ばれていきます。川によって山から海へと岩石が運ばれる最中にも破壊が起こり、さらに細かい粒子となると同時に重い粒子は途中で溜まります。海にまで流れてきた粒子も、最終的には海底に溜まり、層状に堆積していくことになります。海底に溜まった地層は、海溝から再び地殻の下へと戻っていき、長い年月をかけて再び地上に現れることになるわけです。

　大気や水といった物質も、地球上を循環していて、大気大循環、水循環などと呼ばれています。大気は、地球の自転と太陽エネルギーによって起こる大きな循環と、太陽エネルギーによる陸上と海洋の暖められやすさの違いによって起こる循環があります。前者は貿易風や偏西風などで、後者は海陸風と呼ばれアジアのモンスーンが有名ですが、もう少し小さいスケールでは甲子園球場の浜風が代表例です。水は、そのほとんどが海洋に存在していますが、蒸発により大気中の水蒸気となり、雨や雪として再び地表に降り注ぎます。地表から地下に浸透し河川となり、再び海に注ぐという循環を行い

ます。また、海洋では海流のような表面付近の循環だけではなく、表面から深海底へ沈み込み深海底をゆっくりと移動する深層水循環と呼ばれるものもあります。

　大気や水の循環は複雑ですが、地球の気候を決める重要な要素です。地球に降り注ぐ太陽のエネルギーは、緯度により不均一です。大気や水は、エネルギーを運ぶことで、エネルギーの多い低緯度地域とエネルギーの少ない高緯度地域の不均衡を補正しているのです。また植物も、気候の決定に大きな役割を持っています。大きな木々が生い茂る森林と乾燥地帯の草原では、植物の呼吸などによる太陽エネルギーの吸収や反射に大きな差が出ます。そのため森林と草原では、気候システムが変化することになります。

　地球の気候は、複雑なシステムの上に成り立っていて、そのシステムの一部を構成し、なおかつ影響を受けているのが生態系と言えるのではないでしょうか。

丹羽●そこで、地球の生態系について自然科学の視点から簡単に述べておきたいと思います。46億年前に太陽系が誕生しましたが、その後の地球と宇宙との間には物質の出入りはほとんど無く、地球は物質的に閉じていると言えます。これに対して地球上の生物は、直接、間接に太陽光（電磁波）によって育まれ、進化を遂げてきました。このことは、地球がエネルギー的に宇宙に対して開いていることを意味します。このような環境のもとで、地球を一つの生態系として眺めると、大気や海洋、陸地など無機的環境の中で、太陽エネルギーによって生命の誕生と死が繰り返されている、といった姿がイ

メージされます。

　陸上の、独立した地域の生態系はと言いますと、そこには太陽エネルギーによって生育し、生産者として位置づけられる植物と、植物を食べる草食動物、それを食べる肉食動物などの消費者が生息していますが、これらの生物は寿命が尽きると、菌類や微生物などの分解者によって無機物質に分解され、新たな生命の誕生のための材料として再び利用されます。自然環境のもとで様々な生物が共生していた時代、人間はこのような循環の一部を担っていたわけです。

　草食動物をはじめとする消費者を支え、生物の多様性に寄与してきた植物を、人間は食物や資源として自然から奪取し、その生息地はもっぱら人間の営みのために開発されてきました。また化学的手段によって、多くの昆虫や微生物が駆逐されました。その結果、食物連鎖は途切れ、人間以外の多くの生物がその地域から排除されました。私たちの周囲で、自然に生息する哺乳動物を見ることはきわめてまれですし、地域によっては街路樹以外の植物を見つけ出すことも難しい。明らかに人間は、生態系の循環システムを維持するためには、働いて来なかったことがわかります。

　地球上にヒトが出現した頃は、私たちの祖先は未だ生態ピラミッドを構成する要素の一つに過ぎなかったと考えられます。つまり、生産者である植物の上に位置する一次消費者、すなわち草食動物、その上に位置する二次消費者としての肉食動物と積み上げていった時、人間は草食動物または肉食動物の一種として生態ピラミッドに位置づけられたのではないでしょうか。このような時期の生態系を、原生態系と呼ぶこ

とにします。

　人間が火を用い、道具を操作するようになると、原生態系ピラミッドに生産者として農耕による生産物（農作物）が加わりました。正確には、加わったというより自然に繁殖した植物の一部がこれらに置き換わった、と言った方が適切でしょう。化石燃料が使われ始めた「産業革命」以降、生産者である植物の大半が農作物と牧草に置き換わり、原生態系を構成していた植物は次々と姿を消していきました。この結果、一次消費者のかなりの部分を、原生態系の草食動物に替わって家畜が占めることになりました。草食動物が激減したことで、肉食動物は従来の群集を維持することができなくなり、その多くが絶滅しました。生態ピラミッドの頂点に君臨する人間の数が増えることによって、残る原生態系は消滅の一途を辿ったのです。

「地球限界時代」の経済領域

　司会●以上は主として、人間が存在しない自然界の循環システムですが、実際の地球には人間が存在しており、それによって自然のメカニズムが壊され、今日のような環境破壊、資源枯渇化現象を引き起こしています。人間活動と自然との関係について、どのように理解したらよいのでしょうか。

　三橋●人間活動と自然の利用については、明確な関係があります。それを示した図が、「自然満足度曲線」（Nature-Welfare Curve）です。自然満足度曲線は、横軸に自然の利用（量）、縦

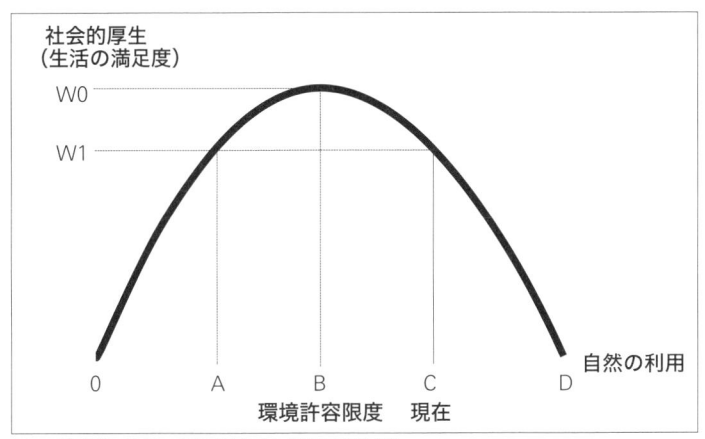

図1 地球限界時代の経済領域（自然満足度曲線）

軸に社会的厚生（生活の満足度）をとると、ちょうどお椀を伏せたような富士山型の曲線として描けます。人間は自然を利用することで生活を向上させてきました。図1の0点は自然をまったく利用していない状態です。生活の満足度もゼロです。D点は、逆に自然をすべて利用し尽くした点で、やはり生活の満足度はゼロです。B点は、自然が備えている環境許容限度です。この図を見ると、B点を挟んで、左側の世界では、自然を切り開き、自然資源を積極的に利用することで満足度が向上する世界です。自然満足度曲線は、右上がりの曲線として描かれています。この世界は、自然を開発し、農業、工業を営み、道路、鉄道、住宅などを作ることによって生活の利便性が飛躍的に高まります。自然界にある様々な地下資源や木材などの再生可能な資源を利用して、住宅や自動車、家電類など生活に必要な製品を大量に作ることで、人々の生活が豊かになる世界です。

一方、B点の右側の世界は、環境許容限度を超えて自然を過

剰に開発し、自然資源を過剰に採掘し、消費し、有害物質を自然の持つ浄化能力を超えて過剰に自然界に垂れ流している世界です。この世界では、これ以上自然を開発し、自然資源を利用すればするほど、公害や地球規模での環境破壊、森林の喪失、資源の枯渇化などの環境負荷を拡大させ、生活の満足度は急速に低下します。いわば、地球の限界があらわになった世界です。自然満足度曲線は、右下がりの曲線として描かれています。

　現在の私たちは、c点の周辺に存在していると思われます。c点の近くで、私たちが持続可能な生活をするためには、地球の限界と折り合っていくための新しい社会システムを構築しなくてはなりません。そのためには、例えば、これ以上の自然の利用はできるだけ控える、エネルギーや資源を大切に使う、資源の生産性を高める、自然界に存在しない化学物質をむやみに作らないなど、環境保全型の環境倫理の確立と、それを前提とした新しい経済社会のルールづくりが必要です。自然資源や地球の環境許容限度に限界がある世界で、人間だけが増え続けることは不可能ですし、いつまでも経済成長を続けることはできません。限られた地球資源を有効に使い、自然の浄化力の範囲内で生活していくための知恵と工夫が求められます。地球のサステナビリティを回復するためには、人間と自然との付き合い方にも、大転換が必要です。

こんな地球に誰がした？

地球の限界に突き当たった「膨張の時代」

　司会●地球のサステナビリティが失われ、地球がふきげんになってしまった原因は、突き詰めて言えば、20世紀に突然起こった人口爆発と人間の飽くなき欲望の追求にあるわけですが、今はそのメカニズムの解明が必要です。

　三橋●人類の誕生は、約500万年前に遡ることができると言われます。それから今日までのほとんどの歳月、人類は自然からの様々な恩恵を享受し、自然と上手く折り合って生きてきました。この関係が、20世紀に入って突如崩れます。世界人口は突然、爆発的に増加します。さらに豊かさを求めて、地球規模で経済発展が続きます。人口増加と経済成長が経済規模の急激な拡大をもたらし、無限と思われてきた地球を小さな宇宙、有限な地球に変えてしまいました。

　経済発展の視点から見ると、20世紀後半の半世紀、つまり1950年から2000年の50年間は「膨張の時代」と言われています。この50年の間に、どの時代よりも激しく地球資源は消費されました。表1は、1950年から2000年までの50年間に世界の主要な経済・生産指標がどのように変化したかを示したものです。

表1 「膨張の時代」（1950年〜2000年）の経済・生産指標の変化

西暦年	1950年[1]	2000年[2]	伸び率 (2／1)
人口	25億人	61億人	2.4倍
GDP（国内総生産）	3.8兆ドル	30.9兆ドル	8.1倍
一人当たりGDP	1500ドル	5100ドル	3.4倍
自動車登録台数	7000万台	7億2300万台	10.3倍
石油の年間消費量	38億バレル	276億3500万バレル	7.3倍
発電容量	1億5400万kW	32億4000万kW	21倍
小麦の年間生産量	1億4300万トン	5億8400万トン	4.1倍
米の年間生産量	1億5000万トン	5億9800万トン	4倍
木材パルプの年間生産量	1200万トン	1億7100万トン	14.3倍
鉄鋼の年間生産量	1億8500万トン	7億8800万トン	4.3倍

　また世界人口は、この間、爆発的に増えました。

　約2000年前の西暦元年の世界人口は、約2億3,000万人程度と推定され、1000年後の西暦1000年には、2億6,800万人程度です。したがって、この1000年間の人口増加率はほぼゼロに近かったのです。その後、世界人口は緩やかに増加しますが、産業革命の始まる以前の1700年には、まだ6億4,000万人程度に過ぎなかったわけです。それから100年後の1800年には8億9,000万人、さらに1900年、つまり20世紀の入り口の人口は、約16億5,000万人でした。ここまでの人口増加率は、きわめて緩やかなもので、この程度の人口ならまだ十分地球の環境許容限度の中にあると言えるでしょう。

　ところが20世紀に入ると、人口は急速に増加します。1950年に世界人口は約25億人に達しますが、2000年にはその約2.4倍の61億人へ増加します。わずか半世紀の間に世界人口が倍増するという、過去に経験したことがない異常事態が起こったわけです。アメリカのスタンフォード大学の保全生物学研究センター所長だったポール・R・エーリック博士は、1968年に

『人口爆弾』という著書を出して、20世紀の人口爆発に警鐘を鳴らしていました。現在、世界人口は66億人に達していますが、2050年には90億人を突破すると推計されています。しかも人口増加の9割以上が、発展途上国での増加です。人間の存在自体が環境破壊の主因になっているわけですが、その人間だけが猛烈なスピードで増え続けているのは異常な状態です。

　一方、経済規模を示すGDP（国内総生産）は、3.8兆ドルから30.9兆ドルへと8.1倍も拡大しました。経済活動を支える石油の年間消費量は、38億バレルから276億3,500万バレルへ7.3倍の増加で、ほぼGDPの増加と同じ勢いで増えたことになります。このことは、GDPが1％増加すれば、石油消費量も1％弱増えたことを意味しており、この間の経済成長が石油依存型の成長だったことを示しています。私たちの日常生活に欠かせない電力の発電容量は、1億5,400万kWから32億4,000万kWへと21倍も増加しています。20世紀産業を牽引した自動車の登録台数は、1950年には7,000万台程度だったのが、2000年には7億2,300万台と10.3倍に増えています。

　司会●20世紀後半の「膨張の時代」を実現させた要因として、世界経済を理論的にリードしてきた経済学の果たした役割も大きかったのではないでしょうか。

　三橋●「経済学の父」と言われるアダム・スミス（1723〜1790年）は、主著『国富論』（1776年）の中で、「経済的利己心は、神の見えざる手に導かれて世の中を豊かにする」と主張し、個々人の自由な活動が社会を豊かにするという予定調和

説を唱えました。ニュートン的世界観を経済の世界に持ち込んだとも言えるでしょう。ちょうどイギリスで産業革命が始まった時代にあたり、政府の介入を排除し、市場経済の効率性を訴えました。

　現在の経済学は、スミスを源流にして発展してきましたが、その最大の目的は、貧困の克服、別の言い方をすれば物的豊かさの追求にあります。そのためには、生産を去年よりも今年、今年よりも来年、来年よりも再来年と年を経るごとに増やし続けることが必要です。1年間に新たにつくり出される付加価値の合計がGDP（国内総生産）に他なりません。GDPの前年比伸び率のことを経済成長率と呼んでいます。したがって、経済成長率をいかに継続的に増加させるかということが、経済学の大きな課題になります。与えられた条件の中で、いかにヒト、モノ、カネという経済資源を効率的に活用して、経済成長を高めるかが最大の関心事になるわけです。かつての日本の高度成長期には、「成長神話」という言葉が盛んに使われました。「成長こそが、すべての矛盾を解決する」という意味で使われました。

　スミスは、『国富論』の冒頭の部分で、分業による生産性の向上について言及しています。ピンを一人で作れば1日に1本作るのがやっとだが、針金を引き伸ばしたり、切断したり、磨いたりというように作業工程を何人かで分業することで、一人当たり1日4,800本のピンを作れる工場の例を紹介しています。アメリカの自動車王、ヘンリー・フォードは20世紀初頭、分業体制を徹底させるためベルトコンベアを使ったT型乗用車の組み立てライン工場を作り上げ、大量生産への道を開きま

した。この生産システムは、わずかな間に世界中に広がりました。経済成長のためには、大量生産が必要です。第二次大戦後は、さらに大量生産を加速させるため、大量消費、大量廃棄が加わり、大量生産→大量消費→大量廃棄のワンウエイ型生産システムが定着し、「膨張の時代」を支えていきました。

司会●世界の国々を見回すと、相変わらず「GDP信仰」のような数字が独り歩きしているように見受けられますが、これから先の50年も「膨張の時代」と同じような経済発展が可能でしょうか。

三橋●それは物理的に無理です。「膨張の時代」が明らかにしたことは、地球資源や自然の環境許容限度に限界があることです。今後50年間に、世界の人口が過去50年と同様（2.4倍）に増えれば、2050年の世界人口は、146億人になります。すでに利用できる農地の大部分は活用されているので、146億人の人口を養えるだけの農地が地球上には存在しません。石油も、今の消費を続ければ2040年頃には枯渇してしまいます。鉱物資源も、とりわけ非鉄金属類は、埋蔵量に占める既採掘量の割合（全地球ベース）から言って、地下にはもうそれほど資源は残っていません（30ページ図2参照）。地球の限界が明らかになった現在、経済発展も限界があるのは明らかです。

司会●ところで、「膨張の時代」を支えた「成長神話」の背景には、人間の業としての飽くなき欲望の追求があったように思いますが……。

遠藤●そもそも、人間の営みには常に豊かになりたいという志向性があると思います。今より少しでも快適な暮らしをしたいと思う心です。生活利便（ベネフィット）向上志向とでも言いましょうか、戦後の日本社会も、政治・経済・文化のあらゆる側面において「豊かさ」を志向してきました。戦後の焼け跡から復興すると、高度経済成長の波がやってきました。1960年、池田内閣は「所得倍増計画」を発表しました。以来、日本社会はアメリカ型の豊かさを追い求めてきました。中身は、アメリカのコピーであり、フォローアップでした。底流に流れていたのは、「国民総生産」（GNP）という価値尺度です。その結果、大量生産・大量消費社会が到来し、無自覚的に大量廃棄社会がもたらされました。産業や経済が豊かになれば、人々の暮らしも豊かになるという「成長神話」、これが、戦後ずっと日本社会をリードしてきた「追いつけ追い越せ」の思考法でした。これこそ、サステナビリティを失わせる原点だったと思います。

社会のエンジン役は企業ですが、企業も生き残らなければなりませんから、商品やサービスを競い合うことになります。まして、国際企業になれば、メガコンペティションの中、いっそう生存競争は激しくなります。コストを下げ、商品のブランドや企業イメージを高め、他社との「差異化」を図ることになります。モデルチェンジして、次々と新しい機種に乗り換えさせようとする。結果として、消費を煽ることになる。そして、新しい商品を売るためには、持っているものを捨てさせなければならない、と考える人も出てきました。

1960年代の中頃、高度経済成長時代の真っただ中、市場には、

「三種の神器」(テレビ受像機、洗濯機、冷蔵庫)に代わって、カラーテレビ、クーラー、マイカーの「3C」が登場してきた頃です。まさにその頃、電通PRセンターは「戦略十訓」を掲げていました。十訓は、①もっと使用させろ　②捨てさせ忘れさせろ　③無駄遣いさせろ　④季節を忘れさせろ　⑤贈り物をさせろ　⑥コンビナートで(組み合わせ)で使わせろ　⑦キッカケを投じろ　⑧流行遅れにさせろ　⑨気安く買わせろ　⑩混乱をつくりだせ、というひどいものでした。

　電通PRセンター(1961年創業)の初代社長だった永田久光が、1963年に独断で発表したものです。原典は、アメリカの社会学者パッカードの『浪費をつくり出す人々』(1960年)。パッカードは巻頭で「生産を続けるために消費を人工的に刺激しなければならないような社会は、屑や無駄の上につくられた砂上の楼閣である」と書いていますから、彼は、社会に警鐘を鳴らす意味で、この本の中で「九訓」を記載したのですが、それを逆利用したものでした。

司会●「戦略十訓」には、大量生産、大量消費のシステム、つまり大衆消費社会の到来という「時代の空気」が明快に反映されていたのも事実ですね。

遠藤●あの頃の広告に、「大きいことはいいことだ」(68年)や「Oh！モーレツ」(69年)がありました。そもそも、闇雲な大量消費文明は、消費資本主義的な文明装置に由来しています。いわば、アメリカ型の経済社会システムに起因していると思います。野放しの「欲望の資本主義」ですね。今、企業

社会では予算やノルマが語られ、目標や実績をグラフで示すやり方が常態化しています。「前年同期比」いくら、数値主義ですね。中味はあまり問われない。このような思考法は、社会学者の見田宗介は『現代社会の理論』の中で、「欲望のデカルト空間」とか「欲望の資本主義」と呼んでいます。何事も数字に還元する「要素還元主義」ですね。また、消費資本主義は、商品の機能を買うのではなく、お友達やライバルが持っているから「私も持ちたい」というような「見栄っぱり消費者」によって支えられているとも言っています。

　フランスの社会学者ボードリヤールも、『消費社会の神話と構造』を書いた1970年の段階で、「今日では純粋に消費されるもの、つまり一定の目的だけに購入され、利用されるものは、一つもない」と断言しています。

　谷口●この時代は、世界の人口増加と経済規模拡大に伴って、天然資源消費は膨大な量になりました。しかし、石油・鉱物資源は、掘ればなくなる枯渇性資源です。木材や魚など生物資源は再生可能な資源ですが、それでも再生のスピードを越えて消費すれば、やはり枯渇します。その意味で、地球という惑星の天然資源量と環境容量は、すでにサステナブルではなくなっています。それは、文明の問題と思います。資源収奪型とも言われるその文明は、限りない便利さ追求のため、天然資源・エネルギーの大量消費と、森林、生態系、生物多様性など人類の生命維持装置まで減耗を強いるものですから、サステナビリティはすでに失われてしまったとも言えるのではないでしょうか。

自然の征服を目指した近代化思想

司会●人間の欲望は無限で、それを実現させる手法を経済学が提供したことで、「膨張の時代」が実現した側面は確かに大きかったと思いますが、それだけでは膨張の時代は実現しなかったと思います。膨張の時代を実現させるためには、技術革新の果たした役割も、きわめて大きかったと思われますが……。

三橋●確かに、近代科学とそれを応用した技術の果たした役割は、きわめて大きなものがあったと思います。17世紀に入ると、ヨーロッパでは「科学革命」が起こりました。その時代を思想面から支えた一人、イギリスの哲学者フランシス・ベーコンは、近代科学について「知は力なり」と述べています。人間は「力としての知」を持ち、「自然を加工する技術」を駆使することで進歩すると強調しています。ヨーロッパは、地理的にその多くが寒冷地に属し、もともと土地の生産性が低かったのですが、科学革命が起こった当時は、小氷期に当たっており、各地で異常気象による食料不足が頻発し、数年おきに大量の餓死者が発生していました。

そこで、自分たちを死に至らしめる自然の脅威を克服することが、当時のヨーロッパ人にとって最大の願望だったわけです。こうして、「凶暴な自然を征服・支配し、人間に役立つように自然をつくり変えることが進歩である」というヨーロッパ生まれの進歩史観が生まれました。それを具体的に支え

たのが、近代科学とそれに支えられた技術です。

　丹羽●そうした進歩史観のもとに、生態系を破壊してきたのは人間以外の何者でもありません。ずっと以前の研究結果ですが、1万平方メートルの草原において、生態系ピラミッドの頂点に位置するような捕食動物が生息するためには、一頭につき二次消費者である肉食動物9万匹が存在することで初めて可能になる、と言われています。そして、それら二次消費者である肉食動物の周辺には、20万匹の一次消費者である草食動物が生息するとされ、これら草食動物を支える生産者、つまり植物は150万種に上るということです。

　ここに挙げた数値そのものが、妥当であるか否かは別として、このような生態系においては、種や個体数の増加は棲み分けや食い分けなどによって調整され、生態系のバランスが保たれてきました。人間が採取または捕食するスピードは、生態系の回復の速さを数段上回るものだったことは、想像に難くありません。人間は、過剰採取したことによる供給量の減少を経験したことで、農耕や牧畜によって食物の安定供給を図ることを考えました。こうした人間による過剰採取と農耕を目的とした開墾によって、生態系は種の絶滅に見舞われ、あるいは生息地が奪われ、新たな生態系へと移行する間さえ与えられず、消えていったと思われます。

　谷口●比較文明学者の伊東俊太郎によると、人類文明の発展をグローバルな視点から五つの革命（転換期）に分類しています。第1を「人類革命」とし、類人猿から人間にまで進化

した転換期で、今から500万年前。第2を「農業革命」とし、それまでの狩猟・採集・漁労から農耕を開始するとともに家畜の飼育を始めた時期で、今から1万年から5,000年前のこと。第3は「都市革命」で、農業革命の成功による余剰農産物が生じて都市が形成され、王を中心として都市国家が生まれ、メソポタミア、エジプト、インダス、黄河流域文明が栄えました。紀元前3,000年から紀元前1,500年頃です。第4の革命は「精神革命」です。高度な宗教や哲学がイスラエル、ギリシャ、インド、中国で成立しました。それで世界の精神化が進んだ、紀元前8世紀から紀元前4世紀のことです。そして5番目の革命が「科学革命」で、17世紀に、いわゆる近代科学が、西欧を中心として創出されました。これが、現代につながる科学・技術文明への出発点になった革命です。これが、世界の知的、物質的な構造を一変させ、世界史で言う「近代」の原点となりました。その延長線上に、18世紀後半の科学革命第二期の「産業革命」、そして20世紀後半から現在の科学革命第三期に当たる「情報革命」に至るというわけです。

　5番目の「科学革命」期には、「自然科学の父」と言われるガリレオの「地動説」、ニュートンの「万有引力の発見」というサイエンスに続いて、「産業革命」を推進した近代産業の柱である鉄鋼の大量生産技術が発明され、18世紀初めにはコークス炉がダービー親子によって発明され、ベッセマー転炉につながりました。また、フルトンによる蒸気機関の発明によって蒸気機関車や蒸気船が作られ、まさに産業革命を推進するエンジンになりました。そして、発明王エジソンにつながるわけです。

丹羽●17世紀の科学革命と言われる出来事が、様々な技術の変革を促すきっかけになったのかどうかは疑問です。もう少し言葉を補って考えてみる必要があるように思います。例えば、人口増加をもたらし、産業革命の要因の一つとなった農法に、当時英国で導入された輪作（ノーフォーク農法）がありますが、これは経験から編み出された技術であり、当時の「科学」がこのような「技術」を後押しするのに十分な「知」の体系を持ち合わせていたとは考え難いのです。と言うのも、古代ギリシア文化、イスラム文化などを基盤とした当時の西ヨーロッパ文化は、キリスト教の影響を強く受けていました。「天動説」を否定したコペルニクスをはじめ、ケプラー、ガリレオ、デカルト、ニュートンらの理論もキリスト教的解釈に基づいた体系から抜け出してはいませんでした。私たちの言う「科学」、すなわち自然科学が誕生するのは啓蒙主義の洗礼を受けた後の19世紀と考えられます。一方、ギルドに支えられた技術の伝承は、18世紀に起こった産業革命による技術革新によって崩壊しました。つまり、17世紀の「科学革命」と18世紀の「技術の変革」とは次元を異にするものです。そして、19世紀後半になって、科学が技術の発展を促す「科学・技術」の時代を迎えることになります。したがって、様々な分野で見られた技術の変革は、19世紀、すなわち近代になってからのことで、このことが人類の繁栄と同時に環境破壊の原因となったことは明らかです。

三橋●ご指摘のように、17世紀の「科学革命」が、すべての技術の変革を促したわけではありません。しかし、社会を急

激に変革させる技術としては、過去に例が見られないほどの変革をもたらしたことは明らかなように思います。その技術の特徴を一言で要約すれば、大量にエネルギーを投入し、蒸気機関のような巨大パワーを作り出し、自然の原理・原則をねじ伏せることで、物的生産性を高め、生活の利便性を向上させた技術と言ってよいでしょう。別の言葉で言えば、「エネルギー革新型技術」です。例えば、産業革命を牽引した紡績、紡織技術に見られるように、それまで人手に頼っていた技術を機械に置き換えることで、それまでの生産能力を百倍、千倍、万倍と飛躍的に向上させる量産技術が生まれました。また、強力なエネルギーを投入して、物質を人工的に圧縮、溶解する技術によって鉄鋼や化学産業が発展しました。さらに、時間と距離を短縮する技術によって、自動車、飛行機、船、通信などの産業が登場し、人や物資の移動に革命的な変化をもたらしました。

　このような近代科学技術は、産業革命以降、世界各地に瞬く間に伝播し、私たちがかつて経験したことのない物的豊かさと生活の利便性をもたらすエンジン役を果たしました。しかし、このような近代科学技術の進歩が資源の浪費や環境破壊、有害化学物質の排出を加速させる役割も演じたわけです。

　自然資源収奪型の技術も力を発揮しました。岩盤を破壊するダイナマイト、森を収奪するチェーンソー、さらに魚類資源の再生力を損なう漁法を生み出した魚群探知機、地下水を枯渇させる電動揚水ポンプなどがその一例です。

谷口●産業革命期以降の急速な経済成長を支えるためには、

欧米諸国は鉄鉱石など大量の資源を世界中から採掘して供給しなければなりませんでした。大量の鉱物資源を採掘するためには、硬い岩盤を破壊しなければなりません。そのため、1866年にスウエーデンの化学者であり実業家のアルフレッド・ノーベルがダイナマイトを発明しました。ダイナマイトはニトログリセリンというわずかな衝撃で爆発する化学物質を珪藻土に滲み込ませて安定化したものですが、このダイナマイトをうまく利用することによって、効果的に岩盤を破壊することができるようになりました。いわゆる発破の技術が進歩して、鉱物資源の採掘の生産性が飛躍的に上がりました。産業社会、あるいは工業化社会を原料資源の供給面で支えた技術が、このダイナマイトの発明でした。このダイナマイトによる破壊技術の発達が、極端な言い方をすれば、皮肉にも今、世界中で大規模な自然破壊を結果的に引き起こしているというわけです。ダイナマイトの発明によって巨万の富を築いたノーベルの遺言に基づいて、1901年に「ノーベル賞」が設立されました。この賞は、「前の年に人類のために最もよい研究をした人に国籍を問わず与える」という先見性と創造性のあるものであり、世界で最も栄誉ある賞として評価されていますが、"破壊と創造"の見事な対比と言えましょう。

枯渇化目立つ地球の資源

　司会●1950年から2000年までの「膨張の時代」を経て、世界の資源事情は、今どのような変化を見せているのでしょうか。

谷口●枯渇性資源の代表である金属資源の消費量は、さらに膨大なものになっています。象徴的な例が、鉄鋼です。世界の粗鋼生産量は、2006年に12.4億トンになりました。採掘された鉄鉱石は17.6億トンでした。ちなみに、1955年の粗鋼生産量は2.9億トン、2000年には8.5億トンでした。2006年の粗鋼生産量は、1955年に対して実に4.3倍になっています。銅、ニッケル、亜鉛、アルミニウムなど非鉄金属も、同様に消費量が大幅に伸びています。このような金属資源消費量増大のエンジンは、やはり中国を筆頭とするBRICs（註：ブラジル、ロシア、インド、中国の国名の頭文字からの呼称）と呼ばれる新興国です。

　膨大な量になった金属資源の消費がこのまま続くと、資源の枯渇が心配されます。特に、非鉄金属の場合が問題です。銅の残存埋蔵量は、メタルで約6.6億トンに対して、2006年の消費量が1,500万トンですから、寿命はあと44年になります。ニッケルは、埋蔵量1.4億トンに対して消費量1万トンですから、寿命は140年です。亜鉛は、4.2億トンの埋蔵量に対して1,100万トンの消費量ですから38年です。鉛は、埋蔵量1.3億トンに対して800万トンの消費ですから、寿命は16年強です。したがって、2050年までには主要な非鉄金属は枯渇してしまうということになります。しかも、2006年の世界の消費量がずっと続くと言う前提ですが、実際には消費量は増える一方です。今、年率2％以上の割合で伸びているので、銅や鉛そして亜鉛などは今世紀半ばには完全に枯渇してしまうという計算になります。年率2％で消費量が伸びるということは、35年で倍になるということです。成長の恐ろしさがわかります。Ｄ・Ｈ・メドウズらの『成長の限界』（1972年）では、このことに警告を発した

のです。ちなみに、1900年代の100年間に消費した各非鉄金属の量は、銅が4.1億トン、ニッケルが40百万トン、亜鉛が3.5億トン、鉛が2.1億トンでした。これから、たとえ20世紀の平均的な消費量に抑えたとしても、今世紀末には枯渇してしまいます。こういったことを表したのが次のグラフです (図2)。

エネルギー資源について見てみましょう。確認された可採埋蔵量は、石油が1兆1477億バレル、天然ガスが176兆立方メートル、石炭が9,845億トン、ウランが459万トンとなっています。年間生産量は、石油が280億バレル、天然ガスが2.6兆立方メートル、石炭が51.2億トン、ウランが3.6万トンとなっていますから、寿命は石油が41年、天然ガスは67.1年、石炭は192年、ウランは85年になります。これらの数字は2003年時点です。その後発見された資源を加えても、消費の伸びをカバーできるか疑問です。いずれにしても、主要な資源・エネルギーが、今世紀半ば頃には限界に達するおそれが強くなってきました。資源と環境の制約条件を織り込んだ経済・社会の構築が急がれるわけです (図3)。

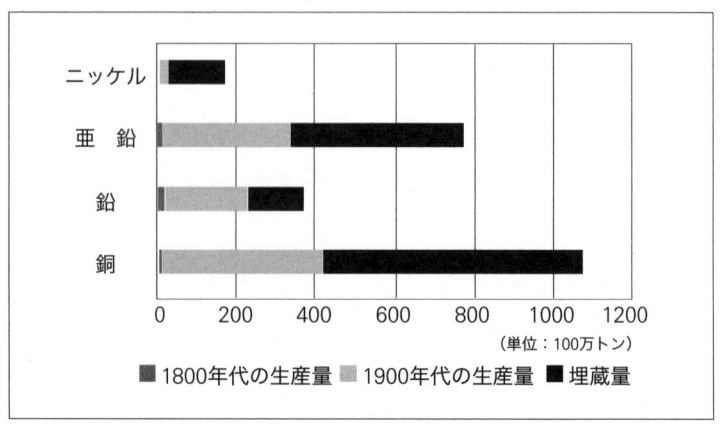

図2　金属の可採埋蔵量に対する累積採掘量 (出典：クローソン)

地域別賦存（分布）状況	確認可採埋蔵量	石油 1兆1477億バレル	天然ガス 176兆m³	石炭 9845億トン	ウラン 459万トン
	北米	4.1%	4.0%	26.1%	17.1%
	中南米	10.3%	4.3%	2.3%	3.6%
	欧州	1.8%	3.6%	13.4%	2.8%
	旧ソ連	7.4%	31.8%	22.7%	28.7%
	中東	63.3%	40.8%	0.2%	0.2%
	アフリカ	8.9%	7.8%	5.6%	20.5%
	アジア・大洋州	4.2%	7.7%	29.7%	27.2%
	年生産量	280億バレル	26兆m³	51.2億トン	3.6万トン
	可採年数	41年	67.1年	192年	85年

図3　世界のエネルギー資源埋蔵量（2003）
（出典：石油、天然ガス、石炭；BP統計2004、ウラン；OECD/NEA,IAEA URANIUM2003）

司会●枯渇性資源だけではなく、再生可能な資源である水や森林、食料も、過剰消費によって枯渇気味になってきています。

谷口●世界の水事情は、地域あるいは国によって大きく異なります。もともと降雨量の少ない砂漠・半砂漠地帯、サバンナ。降雨量の多い、赤道周辺の熱帯雨林、雲霧林。あるいは、比較的降雨量が多い地域、すなわちシベリア、北米、アラスカ、カナダなどのタイガと呼ばれる針葉樹林、日本のような落葉広葉樹、照葉樹林などの温帯林です。また、水事情は降雨量だけでなく地形、地質にも影響されます。日本の場合、地形が急峻なためにせっかく降った雨もすぐに海に流れ込んでしまいます。アメリカのカンザス州を中心として8州にまたがる地下滞水層には、膨大な化石水が存在します。

日本人には、水に恵まれた国という意識があるため、水を過剰に、あるいは無駄に使用する傾向があります。しかし、日本は外国から飲料水を大量に輸入しています。また、牛肉、穀物、野菜などを大量に輸入しているため、それら食料、飼料の生産国で使用される水は、「バーチャル・ウオーター」(仮想水) と言われ、それを算入すると日本が輸入している水は640億トンと試算され、国内で灌漑用に使用される水の総利用量540億トンよりも多いのです。一方で、安全な飲料水を得ることができない人たちが、世界に12億人いると言われています。水資源の過剰使用は改めるべきでしょう。

　五反田●食生活の高度化や飽食の時代が、地球のサステナビリティを損ねる重要な要因の一つになっているのではないでしょうか。例えば、水産資源については、多くの魚介類、鯨が枯渇あるいは絶滅の危険があるとされています。鯨については、色々な議論がありますのでここでは触れませんが、先進国における健康ブームなどに押し上げられて、魚介類の消費が世界的に増えてきているのが大きな原因です。また、漁法の進歩により一度に大量の魚が獲れるようになり、生物の回復量以上の漁獲を行っていることが資源を減少させています。
　水産資源だけでなく、食料資源が過剰採取、過剰利用の段階にあると考えられます。陸上における食料資源には、食料を生産するための資源と食料自体が資源としての二つの意味合いがありますが、問題となるのは食料を生産するための資源である農地や水です。食料生産を増やすために農地や水を

過剰に利用した結果、農地がやせて荒廃したり、水不足になる事例が世界で見られます。農業は、土壌中の栄養分を奪う資源収奪型の産業ですから、土壌の回復速度を上回る耕作を続ければ、農地は荒廃して使い物にならなくなり、水資源も浪費します。

　乾燥・半乾燥地帯で行われる灌漑農業は、水資源を大量に使用し様々な問題を引き起こしています。アラル海は、かつては世界第4位の大きさを誇る湖でしたが、アラル海へ流れ込むアムダリア・シルダリアの両河川を利用した大規模な綿花の灌漑農業を行った結果、流れ込む水量が激減し、湖は半分まで縮小しています。同様のことは、中国の黄河流域でも見られます。黄河では、上流・中流域での過剰取水により、下流では断流が頻発しています。断流により河口付近に土砂が堆積し、洪水を引き起こすなど大きな問題となっています。

　三橋●例えば、インドなどのように菜食中心の食生活から肉食中心の食生活になるなど、食生活の高度化も、穀類生産量の急拡大の原因になっています。過去50年間で、トウモロコシと小麦は4倍以上、米も4倍近く増産され、人口増加率を上回って食料生産が増えた背景には、トウモロコシをはじめ小麦、大豆などが家畜の飼料として使われる割合が増えているという現実があります。食生活の高度化によって、肉や卵、牛乳、魚などの動物性たんぱく質への需要が急増しているわけです。アメリカの環境啓蒙家、レスター・ブラウンは、近著『フード・セキュリティ』の中で、「畜産物や養殖魚では、飼料代、あるいは餌代がコストの多くを占める。肥育場の牛は、体重

を1キロ増やすのに7キロの穀物を必要とするが、豚なら3.5キロ、そしてブロイラーなどではわずか2キロ強である。アメリカのナマズや中国やインドのコイの養殖では、1〜2キロの餌が必要になる」と言っています。現在、世界の全穀物生産の約37％が家畜飼料用に生産されています。

谷口●それと、牧畜・農耕民族による過放牧、農地造成のために、多くの森林が伐採されました。そのおかげで、人口増加とともに食料生産能力も飛躍的に拡大し、多くの人々を飢えから救ったと言えましょう。しかし、アマゾンなどの熱帯雨林では、ますます増える世界の人口増加に対応するために、森林の農地化や代替燃料としてのエネルギー作物の増産のための森林伐採が加わり、世界の森林面積は今も、どんどん縮小しています。

五反田●世界の食料生産量は、近代化以前は、農地の拡大と農地利用の効率化によって増加してきました。毎年、三分の一の土地を休閑地とする三圃式農業やノーフォーク式四年輪作農業などは、限られた農地を地力の劣化や連作障害を防ぎつつ最大限に使うために考えられた方法です。

　科学が発達し、肥料や農薬が出現すると、食料生産量は劇的に増加しました。地力の劣化を補うために大量の肥料を使用し、農薬を使用し人間の労力を削減することで大幅な単収増が可能となりました。いわゆる「緑の革命」と呼ばれる食料大増産が可能になったのも、多収穫が可能な種類の作物を大量の化学肥料と農薬の投入によって栽培したためです。一

方で、耕作を単一の品種のみで行うため、在来の多様な品種を駆除するという弊害も残しました。

現在では、遺伝子を組み替えて、さらに食料が安く大量に作れる技術が研究されていますが、遺伝子組み換え作物の作付けは様々な問題を抱えているため賛否を呼んでいます。

金属資源採掘による有害物質を含んだ廃棄物の大量排出

司会●豊かさを求めて様々な金属資源を採掘し、それらを原材料にして様々な製品を作るわけですが、その過程で自然界に排出されると健康を損ねたり、人体に有害となる化学物質が大量に使われてきました。公害病の発生はその典型ですが、有害物質を含んだ廃棄物の大量排出はサステナビリティを損なう大きな要因の一つになります。

丹羽●生物学者のレイチェル・カーソンが著書『沈黙の春』(1962年)の中で、農薬として散布された有機塩素系や有機リン酸系の殺虫剤が、生態系を破壊する原因となり得ることを指摘したのは1960年代初めの頃でした。アメリカでは当時、森林や畑に、代表的な有機塩素系殺虫剤であるDDTが盛んに使われていました。標的とする害虫への効果は、害虫がDDTに対する耐性を持つにつれて低下し、その結果さらに大量の散布が行われたことは容易に想像できます。このことは、標的以外の多くの昆虫が絶滅する原因ともなり、同時に食物連鎖と生物濃縮によって、昆虫を補食する動物に多大な被害を及

ぼすことになりました。

『沈黙の春』からおよそ30年後、1990年代半ばにシーア・コルボーンらが著書『奪われし未来』の中で、自然には存在しない合成化学物質が動物の体内に取り込まれると、それは内分泌攪乱化学物質（環境ホルモン）として作用し、ホルモンの合成を阻害したり、蛋白合成などに影響を与えたりすると警告しました。1980年にDDTなどの農薬が米国フロリダの湖に流出し、その後、雄ワニの生殖器発達異常によりワニの個体数が減少したという出来事は、有機塩素系物質がワニの内分泌の恒常性を攪乱したことが原因であると考えられていますが、詳細は未だ不明です。

私たちの身の周りにある合成化学物質の数は、10万以上とも言われています。それらが流出などによって化学反応を起こし、それによって新たな未知の物質が生まれることもめずらしいことではありません。しかし、それら生成物の正体やその量を突き止めることはきわめて困難と言わざるを得ません。結局のところ、合成化学物質が生物にとって安全か否かは、生物そのものが指標（インジケーター）となって、そのことを証明する以外、今のところ有効な方法はなさそうです。心配されているような、生態系の頂点に位置する人間が、DDTによって多数死亡したり、内分泌攪乱化学物質によって生殖能力を失い、人口が減少したという事実は確認されていません。しかし、生態系がそれらによって破壊されてきたことは間違いありません。人類の未来は、頂点にいる人間を支えている、生産者と消費者が消滅していくことによって、行き詰まっていくように思われます。

五反田●有害物質による人体への影響は古くからあります。代表的な例は、古代ローマでの鉛汚染です。鉛は、やわらかく加工がしやすく、資源量も豊富で人間にとって便利な資源であったため、古代から使われてきましたが、古代ローマでは鉛で水道管を作っていました。鉛の水道管を通った水を飲んだ人々の間には深刻な鉛中毒が広がり、それは皮肉なことに鉛の水道管を使うことのできた富裕層に被害が大きかったと言われています。

　鉛の水道管は、日本でも近年まで使われていたことがありますが、つい最近まで奇跡の鉱物と呼ばれ、絶縁材や耐熱材として様々なものに使われてきたアスベストなども、便利さの影に隠れていた危険性に人間が気付くのが遅れた天然の物質の一つではないでしょうか。

　谷口●1986年に起きたチェルノブイリ原発事故の経験は未だ人々の記憶に新しいのですが、今、世界的に原子力発電への回帰が起きています。原発は確かに温室効果ガスを殆んど出しませんが、やはり事故の恐ろしさと、蓄積される一方の高レベル放射性廃棄物の処理問題、デコミッショニングと呼ばれる、老朽化した発電設備の解体に伴う大量の放射能汚染された廃棄物の処理などが問題となります。また、発電用核燃料用ウラン資源の埋蔵量にも限りがあり、今、世界で争奪戦が展開され価格が急騰して、数年前に比べて十数倍に値上がりしています。

　丹羽●私たちが有害化学物質と言っているものは、いった

ん生物組織に取り込まれると、特定の部位で正常な組織の機能を障害したり、細胞の増殖を抑制したりします。例えば、メチル水銀は人間の脳の神経細胞に作用すると、水俣病に代表される神経障害を引き起こします。自然環境の下で普通に存在する化学物質が、人間の生活環境の中で、いつの間にか他の化学物質と反応し、有害物質となることはよくあることです。

放射性物質やX線は、有害化学物質と比べると厳しく管理されていて、生活環境に入り込むことは滅多にないでしょう。しかし、原子力発電所などで事故が発生すると、場合によっては広い地域にその被害が及ぶことは十分に考えられます。放射線は目で見ることができませんし、被爆しても痛くも痒くも感じませんから、厄介です。放射線によって、例えば骨髄細胞のDNAが傷つくと、白血病を発症する危険性が増加します。

資源多消費型のライフスタイル

司会●サステナビリティが失われた要因の一つにライフスタイルの変化もあるような気がします。核家族化が進んだことなどの影響もあると思いますが……。

松尾●サステナビリティを失ってしまったのは、二つの意味でつながりを断ち切ってしまったことが原因だと思います。一つは世代交代や季節などの時間的つながり、もう一つは複雑多様な生態系や、自分以外に様々な人が存在して社会が成

り立っているという他者との関係などの社会的なつながりです。核家族化によって、伝統的に家族内で引き継がれてきたモノを大切にする「もったいない精神」の伝承は途絶えてしまったし、都会に住むことで私たちの食料がどのようにして作られているかなど、自然と人間との関わりも失われています。水と太陽エネルギーを基礎としていた江戸時代と現代では、サステナビリティは比べるまでもなく失われていますね。物理的、経済的に徐々に、人間が生きていくために必要な様々なつながりが希薄になっているように感じます。

　平原●生活構造が、核家族化どころか単身家庭の増加に向かっています。1985（昭和60）年の核家族世帯は、全世帯の61％、2005（平成17）年には59％とやや減っているのです。一方、単身家庭は、同時期に18％から25％へ増えていっています（図4）。これはもう、家族制度自身が崩壊しつつある。と同時に、この頃では「おひとりさま」などと言って、レジャー分野で一人のモノが流行ってきています。すでに商売上は家族ではなく、個人がターゲットになっている。これは消費の拡大とともに、資源の無駄遣いにもつながりかねません。こうした家族構造の変化は、企業にどんな影響を与えるのでしょうか？

　遠藤●企業にとって、最大かつ最重要な利害関係者（ステークホルダー）は、生活者＝消費者です。企業は愚鈍ではありませんから、生活者・消費者の環境意識が高いと分かれば、そのような商品を開発し、彼らのライフスタイルや価値観に

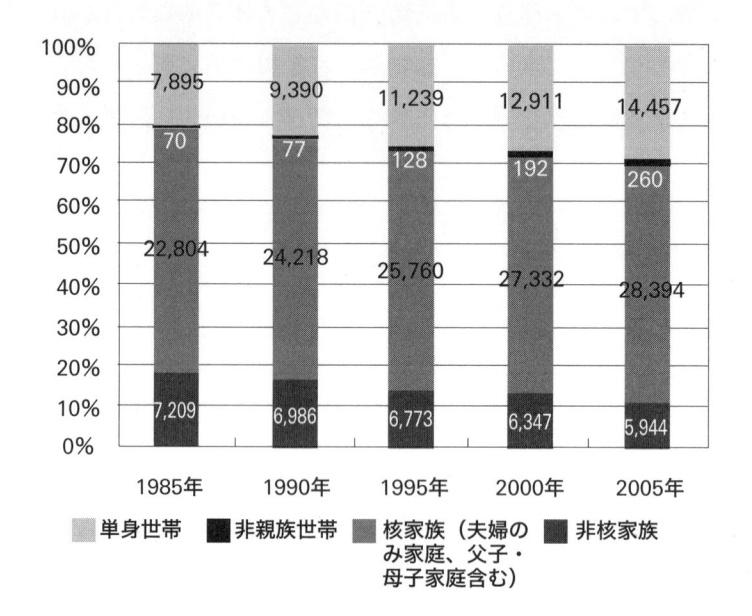

	1985年	1990年	1995年	2000年	2005年
単身世帯	7,895	9,390	11,239	12,911	14,457
非親族世帯	70	77	128	192	260
核家族	22,804	24,218	25,760	27,332	28,394
非核家族	7,209	6,986	6,773	6,347	5,944

図4 日本の世帯構造の推移（単位：1000世帯）
（出典：総務省統計局統計調査部国勢統計課「国勢調査報告」「平成17年国勢調査抽出速報集計結果」より作成）

沿った商品開発やコミュニケーションを行います。企業は、消費者、とりわけ広告用語で言う、新しもの好きの「イノベーター」層や流行に敏感な「アーリー・アドプター」層の反応に敏感です。詰め替え容器やノンフロン冷蔵庫などは、環境意識の高い女性にサポートされて世に出たと言ってもいいくらいです。消費者が環境性能に賢い"グリーンコンシューマー"であればあるほど、企業は、商品そのものの"ファクト"を磨くことになります。ですから、「エコプロダクツ」と呼ばれる商品は、賢い消費者によってつくられたものだと言っても過言ではありません。

司会●工業製品だけではなく、私たちが普段食べている食

品の中にも環境に大きな負荷をかけて作られているものがあります。今はスーパーに行けば、真冬なのにスイカなどの夏の果物や野菜が売っていたりします。昔は、旬の野菜などで作った季節ごとの料理があったわけですが、それが現在は失われています。

松尾●旬の食品は、収穫量が多いので価格が安く、栄養素も高い時期と重なります。自然のリズムに合っているので、農薬等も少量で、体にもよかったわけですが、農業や流通の発達により、多くの野菜が季節を問わず、店頭に並ぶようになりました。健康と持続可能性を大事にするライフスタイルである「ロハス」(LOHAS) ブームや有機野菜人気を受けて、スーパーでも季節感を宣伝していますが、そもそも、季節感を演出しなければならない状況がサステナビリティを失っている証拠ですね。

　個人的な経験ですが、ライフスタイルによってサステナビリティも異なることを強く感じます。私の祖父母は都市生活者でしたが、古い家に住んでいたので、暮らしの大部分は自然のリズムに合わせたものだったのだと思います。都市ガスも通っていましたが、正月料理、餅つき、日々の風呂など、薪やおがくずを固めた、いわゆるバイオマス燃料で賄っていましたし、庭の菜園からは、野菜が沢山採れました。その子どもたちの世代は団塊の世代で、私にとっては親の世代です。高度経済成長と共にライフスタイルが大きく変わり、可能な限り欧米化を成し遂げたのではないかと思います。そして自分たちの世代は、暮らしの大部分を大量消費社会のリズムに

合わせた結果、旬の食べ物を失い、都市で暮らしている限り、自然資本などには思いが至りません。たった三世代ですが、これほど大きくライフスタイルが変化しました。

司会●ライフスタイルの変化は、サステナビリティにどの程度の影響があるでしょうか？

平原●部門別に最終エネルギー需要を、1979年を100として見ると、産業では87、民生では117、運輸は109です。つまり製造の過程では省エネルギーが実現したのに、生活の領域では明らかに増加に転じています。この傾向は今でも続いていて、1985年の全エネルギー利用に占める民生の比率は25％だったのが、2004年度では31％まで増えています。同時期、産業部門では52％から45％へ減少しています(図5)。

エネルギー量：PJ（10^{15}ジュール）

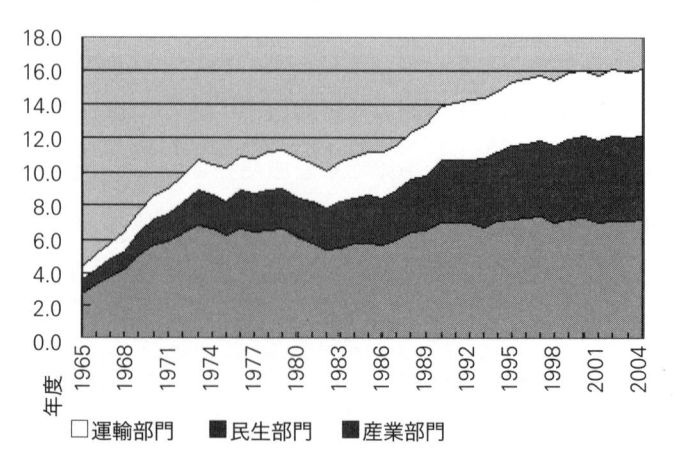

図5　部門別最終エネルギー消費の推移
(出典：資源エネルギー庁「総合エネルギー統計」、内閣府「国民経済計算年報」)

CDとファミコンが市場に出たのは、1982年のことです。パソコンの一般化やインターネットの普及もこれ以降のことです。今では、それより明らかに家電製品の種類が増えました。また家の中には、タイマー付の商品が増えて、待機電力は増加する一方です。エアコンやテレビは、一家に一台から一人一台へ、車も地方では一人一台です。これは、消費が家族単位から個人単位へ変化していったことと、そのためのコンビニや通販などの仕組みが完成していったこと、さらに地方では商店街が崩壊して大規模ショッピングモールが出現してきたように、車が必要な生活の仕組みが出来上がったことなどによりますが、同時に様々な問題が浮上しました。

　遠藤●1950年代の後半頃は、テレビ、電気洗濯機、電気冷蔵庫が「三種の神器」と呼ばれていましたが、1960年代後半からは「3C」と呼ばれるカラーテレビ、クーラー（エアコン）、カー（自動車）の時代へと変化しました。これらの普及率は、今では天井に張り付いた状態になっています。2005年には、30インチ以上の大型テレビの売り上げが前年の3倍近くまで増えました。1990年代には少なかった温水洗浄便座も、今では65％の世帯に普及、エアコンも、一家に一台から一部屋に一台へと広がりました。パソコンも、一家に一台は当たり前です。また、自動車の普及も、1977年から30年間続けて普及率は高まっています。日本国内の自動車保有台数は7,908万台。そのうち、約500万台が廃車になっていると推計されています。

　今、「モノ」の普及は、基本的に満たされている状態で、「成熟社会」ですね。今日では、モノより「サービス」に軸足が

移ってきました。省エネ・省電力型の商品への買い替えも促進されています。

　平原●経済学では、アダム・スミス以来、理想的には個人は合理的に行動し、資源やサービスは無駄遣いしないことを前提とします。しかし、歴史的な事実としては環境破壊が起きました。社会活動は、資源の無駄に対して平気なこともあります。人間は、時にブランド商品を買ったりします。時間は腹時計でも日時計でもいいし、風呂敷なら一枚で済みます。でも腕時計を収集したり、ブランドのカバンを集めたりするのも人間です。難しい言い方をすれば、「記号的消費」と言いますが、豊かになったりモノがあふれたりすると、自分のアイデンティティーを満たすために「モノの意味」を買います。それが極端なかたちで表れると、買い物依存症という病気にもなります。つまり、買い物は生きている証しという部分もあり、無駄な消費を止めることは簡単ではありません。

　司会●しかし、モラルとしては納得しにくいように思いますが？

　平原●そうですね。しかし、老人が家庭にいれば、生きていくためにエアコンの温度設定をより極端に設定することがあります。環境のために我慢しなさい、とは言い切れないですね。それは、人間の生命を優先するか、環境を優先するかの問題になります。このように人間が生きていくことは、色々な価値をどう優先するかという問題にいつもさらされて

いますし、そのための葛藤もあります。モラルという点では、社会の価値でどの価値を優先するかという問題は非常に難しいです。

　司会●ずばり、社会的価値によってサステナビリティを失う可能性が高いですか？

　平原●現在は、その傾向が高いです。近代の一つの原理は、分業や効率性、合理性などにありますが、一つには物質的な豊かさを求める傾向が高いことがあります。それが、ブランド信仰など、先ほどの「記号的消費」ですが、もっと増幅されることがあります。もちろん現在、先進国ではその反省から精神性などを重んじる動きがありますが、「京都議定書」で途上国がCO_2削減目標値の設定に参加しなかったのは、先進国だけが物質的に豊かになったということへの不満があります。中国やインドの現状を見て、物質的な豊かさを捨てきれない傾向を皆さんも感じとっていると思います。

　五反田●2007年度の日本の食料自給率は40％で、先進国の中では最低です。日本人は、ほとんどの食材を外国から輸入して、安い食品を食べることができるようになりました。農業は環境負荷の大きい産業ですから、日本は他の工業と同じように、外国で環境負荷を与えながら安く作られた食料を買っていることになります。また、遠くの国からわざわざ食料を運んでくるということは、輸送過程で大量の無駄なエネルギーが使われることになるわけです。どれだけの距離を運ばれ

てきたのかを表す指標に「フードマイレージ」と呼ばれるものがありますが、日本は群を抜いて高いフードマイレージを持つ国です。これは、島国であるため食料自給率が低く、ほとんどの食料を輸入に頼っていることと、多くの輸入先が遠方の国々であることに原因があります。

　司会●世界各国から、季節を問わずに色々な食材を手に入れることが可能になりましたが、そのためには多くのエネルギーや資源が投入されているのですね。

　松尾●キュウリについては、夏から秋に採れる露地栽培と、冬から春に作られるハウス栽培を比較すると、太陽光を除く投入エネルギーが5倍以上に増えるというデータもあるから驚きます。

「ふきげんな地球」狂騒曲

地球温暖化が引き起こす気候変動の脅威

　司会●サステナビリティが失われた状態が今後も続くと、どのような破局現象が起こってくるのでしょうか。地球のあちこちで、すでにほころびが目立つ生態系の行方、資源をめぐる争奪戦、環境難民の大量発生など懸念すべき材料が山積しているように思います。

　三橋●昨（2007）年の2月から5月にかけて発表されたIPCC（気候変動に関する政府間パネル）の第4次評価報告書が、一つの答えを提供しているように思います。IPCCは、三つの作業部会に分かれて温暖化の進行とそれに伴う気候変動の影響を調査・研究しています。第1作業部会は、科学的知見に基づく温暖化予測、第2作業部会はそれに伴う影響、第3作業部会が緩和策について担当しています。第1作業部会は、今世紀末（2090～2099年）に現在（1980～1999年）と比べ、地球表面の平均気温がどの程度上昇するかを二つのケースに分けて推定しています。

　第1のケースは、環境の保全と経済の発展が地球規模で両立するケースです。この場合、今世紀末の気温上昇は、約1.8℃

(1.1℃〜2.9℃)程度に止まります。一方これまで通り、化石燃料依存型で高めの経済成長を目指すケース2の場合は、約4.0℃(2.4℃〜6.4℃)と大幅に上昇するケースです。平均気温が1.5℃〜2.5℃を超えた場合、植物・動物種の20〜30％が絶滅の危機にさらされます。陸生生態系の炭素排出量が増加し、気候変動を加速させる心配もあります。CO_2の増加で、海洋の酸性化が進み、サンゴや貝類など殻形成を行う生物に悪影響を与える懸念も指摘されています。

　作物への影響も深刻で、低緯度地域、特に乾季のある熱帯地域では、わずかな気温上昇でも生産性が低下し、飢饉のリスクが増大すると予測されています。中緯度から高緯度の地域は、地域平均気温が1〜3℃までの場合、作物によっては生産性がわずかに上昇するものもありますが、3℃を超えると、ほとんどすべての生産物の生産性がかなり低下すると予想しています。

　この他、海面水位の上昇、さらに大型台風の発生、熱波の来襲、干ばつ、集中豪雨と洪水の発生などが頻発し、人々の生存条件を損なう危険性が高まります。また、沿岸の海水温度が上昇すると、コレラ菌の存在量、毒性が増加し、人々の健康を脅かす恐れがあります。

五反田●最初に述べましたように、地球の気候は、複雑なシステムの上に成り立っています。しかし、基本的には太陽放射と反射率、温室効果によって気温は決まります。太陽放射により地球にはエネルギーが入ってきて、逆に地球からも放射というかたちでエネルギーが宇宙空間へ逃げていきます。

入ってくる量と出ていく量で釣り合いが取れていれば、気温は安定します。もし大気が無い場合には、地球の平均気温はマイナス18℃前後であると考えられます。しかし、二酸化炭素などによる温室効果により、地球は平均14℃という気温を保つことができます。

　この二酸化炭素をはじめとする温室効果ガスの濃度が、上昇しています。二酸化炭素の濃度は、長い地球の歴史の中で変動してきました。しかし、現在見られる二酸化炭素濃度の上昇スピードはこれまでにないものです。二酸化炭素をはじめとする温室効果ガスの急増により温室効果が強まり、地球は温暖化しています。そして温暖化の恐ろしいところは、温暖化した未来にどのような気候の変化が起こるかが予測できないことです。温暖化により人間の生存環境が損なわれることも恐ろしいですが、本当に恐ろしいのは気候そのものが我々の知り得ない変化をすることです。

　司会●地球温暖化による北極や南極の氷床や氷河の融解も不気味ですね。北極では、今夏（2008年）、流氷が見られなくなるのではと言われています。

　三橋●数年前に北米最北端の町、アラスカのバローを訪ねたことがあります。人口5,000人ほどのイヌイットの町です。アンカレッジから北へ1,000キロメートルほどのところにあります。小説家の新田次郎の著書『アラスカ物語』の舞台になった場所です。イヌイットの伝統的な住居は、地下を1メートルほど掘って、鯨やアザラシなどの皮を底に敷き詰めて、天

井も鯨の骨などを柱にして、皮を張ったものです。ところが、実際にそこで見たイヌイットの住居は、高床式の粗末な木造住宅でした。その地域には、もちろん住宅用の建材に使う森林などは存在しません。なぜ、伝統的な住居ではなく、高床式かと言うと、これが温暖化の影響なのです。北極圏とはいえ、バローも夏場には、雪や氷が融けます。温暖化で融ける雪や氷の量が増えると、地下はまだ永久凍土なので、水が地中に浸透せず、あちこちに水溜りができます。そのため地下を掘った伝統的な住居だと、水が流れ込んでしまいます。そこで、地上よりも、木柱で1メートルほど高くして、その上に家を作っているわけです。温暖化がさらに進むと、この地域は完全に湿地帯になってしまい、人間が住める場所ではなくなってしまうでしょうね。

司会●グリーンランドや南極大陸の氷床や氷河などの融解によって引き起こされる海面上昇による影響も、無視できない状況にきています。

松尾●まさに人間が住めなくなってしまいそうな場所として象徴的なのが、南太平洋の島国のツバルですね。温暖化による海面上昇は、数センチから数十センチだと言われていますが、珊瑚や砂の積み重なった環礁に住む人々について、「地球温暖化による環境難民」というニュースが伝えられたのは2001年頃でした。実際には、避難したわけではなく、温暖化や人口増加により周囲を取り囲んでいた珊瑚の劣化が進み、海岸浸食が引き金となって、こうしたニュースが流布されたよ

うです。いずれにしても、海抜1メートル程度の土地が大部分を占めるツバルでは、畑や飲み水が海水の被害を受け、生存条件が脅かされています。高波などで数メートルも水位が上昇すると、島の大部分が海に沈んでしまいます。ツバル政府では、温室効果ガスの多量排出国であるアメリカやオーストラリアに対して訴訟を起こす準備をしていたこともありました。他にも、世界遺産に登録されているベネチアは、地盤沈下と高潮の影響で海面下に沈む危機に見舞われていますね。

三橋●2003年10月に、アメリカのペンタゴン（国防総省）の専門家が「温暖化がアメリカの安全保障に与える影響」をひそか調べた報告書がマスコミによってすっぱ抜かれました。別名「ペンタゴン・レポート」、正式名は「急激な気候変動シナリオと合衆国国家安全保障への含意」という報告書です。温暖化によって、大西洋を横断して北極海に向かうメキシコ暖流の流れが止まってしまい、ヨーロッパが2020年頃までに急速に寒冷化して、スウェーデンやノルウェーなどスカンジナビヤ半島の住民は、寒さのため住めなくなるというショッキングな内容です。急激な気候変動は、エネルギー、食料、水の世界的な争奪紛争を激化させ、環境難民を多数発生させ、人口移動に伴う紛争も激しくなるなど、アメリカの安全保障に重大な脅威をもたらす。その被害は、2001年の9.11事件に象徴されるテロの脅威とは比較にならないほど大きくなると警告しています。

司会●いわゆる、「熱塩循環」の途絶現象と言われるもので

すね。

　三橋●メキシコ湾流は塩分濃度の高い暖流です。大西洋を北上しながら横断し、イギリス沿いにさらに北上し、北極海に達し、そこで急速に冷却化され、海底に向け滝のような勢いで沈み込みます。沈み込みの高低差は2,000〜3,000メートルもあるそうです。その沈み込むエネルギーに引き寄せられて、メキシコ暖流が北極海まで北上するわけです。この海流の循環を熱塩循環と呼んでいます。西ヨーロッパが、緯度の高い割に温度が高く比較的住みやすいのは、メキシコ暖流のおかげです。

　五反田●例えば、札幌の年平均気温は8.5℃、最寒月の平均気温はマイナス4.1℃です。札幌よりも緯度の高いロンドンでは、年平均気温が10℃、最寒月の平均気温が4.4℃です。札幌よりも北に位置するロンドンは暖かいことがわかります。これが、沿岸を流れるメキシコ湾流の効果によるものです。

　三橋●「ペンタゴン・レポート」の話に戻りますが、温暖化すると、北極海でまず流氷の溶解が始まります。また温暖化すると降雨量が増えます。流氷が減少すると、太陽光の反射力が弱まり、太陽熱を以前よりも吸収しやすくなります。これらの要因が重なって、塩分濃度の高いメキシコ湾流の塩分濃度が薄められ、濃度が低下してしまいます。塩分濃度が高い暖流は、冷却されると比重が重くなり海底に沈み込みますが、塩分濃度が薄くなると比重が軽くなり、海底に沈むこ

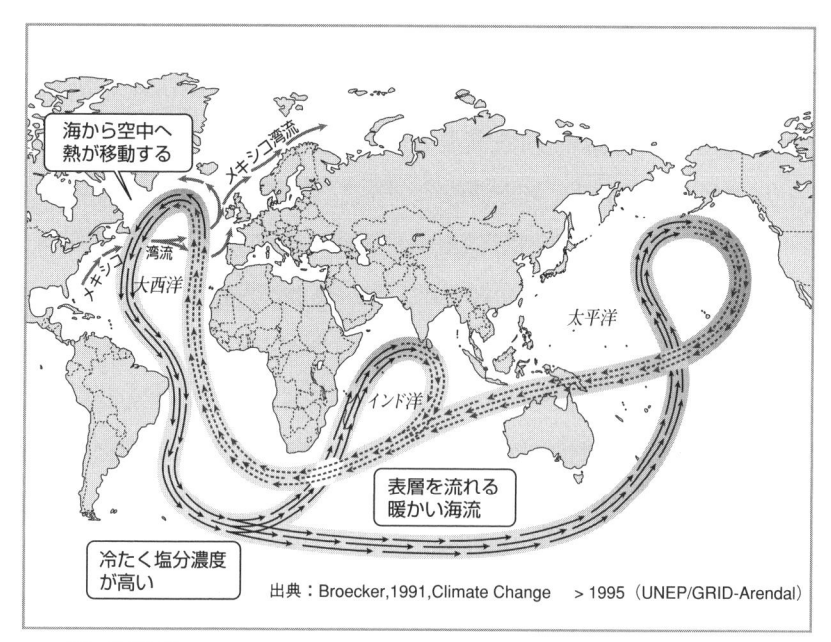

図6　熱塩循環

とができなくなり、熱塩循環は崩壊します。その結果、メキシコ湾流は北上できなくなり、緯度の高さではシベリアに近いヨーロッパがシベリア並みに寒冷化してしまう、と想定されています。数年前、上映されたアメリカのホラー映画『ザ・デイ・アフター・トゥモロー』も、この熱塩循環の停止がテーマになっています。同レポートでは、2010年から2020年にかけて熱塩循環の途絶が起こる可能性を警告しています。もっとも、多くの科学者は、2010年代に熱塩循環が途絶する可能性はきわめて低いと見ていますが、今後温暖化のスピードが、今世紀末までに現在と比べ4℃、5℃と上昇するようだと、今世紀後半には、熱塩循環の停止現象が起こってもおかしくないとする見方も結構あります（図6）。

五反田●過去に熱塩循環の停止による寒冷化が起こったことが、古気候学の研究から分かっています。今から約1万2,000年前に気候が急激に寒冷化した事件が、グリーンランドなどの氷床コアや日本の水月湖（福井県）の年縞堆積物などの地質学的証拠に記録されています。今から2万年ほど前は、氷河期と呼ばれる非常に寒い時代でした。気温が現在よりも5℃から7℃も低く、北米大陸やヨーロッパ大陸の広い範囲が厚い氷に覆われていた時代に、人間はマンモスなどの狩りをしながら生活をしていたわけですが、1万5,000年前ほどから気温は上昇してきました。しかし、急速な気温の上昇の後に記録されているのは、急激な気温の低下でした。現在では、この寒冷化を「ヤンガードリアス（ヤンガードライアス）期の寒冷化」と呼んでいます。寒冷化の原因は、気温の上昇による氷床の融解によるものと考えられています。当時、北米大陸には「ローレンタイド氷床」と呼ばれる巨大な氷床が存在しており、最南端は現在のニューヨーク付近まで広がっていました。気温が急速に上昇し、ローレンタイド氷床が溶け、五大湖よりも巨大なアガシー湖を形成し、ミシシッピ川を流れメキシコ湾に流出していました。このアガシー湖の流路が、氷床の北上（後退）によりセントローレンス川（カナダ）へ移り、大量の淡水がグリーンランド沖に流れ込んだために、熱塩循環が停止し寒冷化が起こったと考えられています。

司会●ヒマラヤなど山岳地帯の氷河の融解も、今後様々な問題を引き起こしそうです。

三橋●ヒマラヤ山脈やチベット高原の氷河が溶け出すと、そこを水源にしているインドのインダス河やガンジス河、インドシナ半島のメコン河、中国の長江、黄河などの大河周辺は、しばしば洪水に見舞われる恐れがあります。やがて氷河が溶けてしまうと、今度は大河の水が枯渇して周辺地域は乾燥し、砂漠化してしまう恐れが指摘されています。これらの大河周辺には、世界人口の4割が住んでいますが、今世紀中後半には、洪水、干ばつ、水不足などの問題が集中して発生する、そのような悪夢が現実のものになる、という指摘もあります。

五反田●山岳地帯の氷河の融解は、下流域で大洪水を引き起こす可能性が指摘されています。氷河の末端で溶け出した水が、ダム状の地形にたまり、ダムが決壊する時に一気に流れ出すことで大洪水が起こるのです。また、ヒマラヤ山脈やアルプス山脈などの氷河周辺には永久凍土が存在していますが、永久凍土が溶け地盤が緩むことで、山崩れなどの土砂災害が起こることも懸念されます。

　高緯度地域における永久凍土の融解も大きな問題を引き起こします。シベリアやカナダなどにはタイガと呼ばれる針葉樹を中心とした森林が広がっていますが、タイガの下には永久凍土が広がっています。この永久凍土が溶け地面が水に漬かってしまうことで、木々が倒れ森林が失われます。さらに、永久凍土にはメタンハイドレートが含まれており、永久凍土融解によるメタンの放出が懸念されています。メタンは、二酸化炭素よりも強力な温室効果ガスです。温暖化することに

より、さらに温暖化が加速する状況をつくり出す可能性が高いわけです。

丹羽●地球規模で起こる気温の上昇によって植生に変化が起こると、その地域に住む昆虫の種類やその分布が変わることが予想されます。それに伴って、生息する動物にも変化が現れますから、生態系は従来とは異なり、地球全体としては寒冷地域に適応した生態系は縮小を迫られ、熱帯地域に適応した生態系は拡大の一途を辿ると思います。海洋では、海流の影響も無視できませんが、外来種が在来種を駆逐するように、従来、低緯度に棲んでいた魚種が高緯度でも見つかるようになる一方で、比較的高緯度に棲んでいた魚種は、さらに高緯度へ追いやられるでしょう。陸地と同様に、海洋でも生態系に変化が生じることは十分に考えられます。

谷口●温暖化による水資源への影響は、様々なかたちで現われてきています。それは、水循環の変化によるもので、気候変動と異常気象によって、降水分布が時間的・空間的に集中するという悪影響が出ることです。干ばつと砂漠化が進行し、一方では洪水による被害の頻発、積雪の減少、融雪による豊水期の早まり、氷河の融解による洪水も各地で発生します。すなわち、渇水、洪水両方の増加が見られます。

また、海面上昇に伴い、海水が浸入して、沿岸部の地下水の塩分濃度増加による水資源の利用可能量が減少します。砂漠化が進行すると、河川の断流による農業用水、工業用水、飲料水の不足が生じます。また、人口が集中した都市では、

温暖化による水需要が増加するなどの現象が見られます。

　このような温暖化により起こると考えられる水資源危機や、気温の上昇によって食料生産にどんな影響が出るのか、増える人口を支えるだけの食料が今後も生産できるかどうか心配です。

　五反田●地球が温暖化すると、食料生産にはよい面と悪い面が現れると考えられています。温暖化するとよい面は、現在の農耕の北限がより北へ移動し、農耕の適地が広がるとの考え方です。また、大気中の二酸化炭素濃度の上昇は、二酸化炭素の施肥効果と呼ばれ、植物の成長を促進させるとの研究もあります。しかし、温暖化すると悪い面は、多くの地域で食料の生産力が低下すると考えられていますので、地球全体として見ると食料生産力は減少すると思われます。水産資源についても、水温の上昇により生態系が破壊され、資源量が減少する可能性が高いと思われます。食料資源の減少は、世界的な食料資源争奪戦や紛争、飢餓を引き起こす可能性が高いです(図7)。

　丹羽●温暖化に伴う気候変動による局地的な猛暑によって、熱中症や、間接的には蚊を媒介とするマラリアなどの熱帯地域特有の感染症が拡大することが予想されます。人間の場合、体温を一定に保つための汗腺の数は、住んでいる地域の気温に順応しやすいように、気温が高ければ高いほど多いことが分かっています。しかし、その地域の最高気温を更新するような高い気温が長期間続くと、温度に対する適応性は限界を

下図は、温室効果ガスが今後増加して、ある水準で安定化した際の、予想される気温変化と世界的な影響をまとめたものである。

　上部は、CO_2換算400〜750ppmの安定化レベルにおける、それぞれのケースで予想される気温変化の範囲を示す。水平実線は、IPCC2001と最新のHadley Centerのアンサンブル実験によって見積もられた気候感度に基づく5〜95%水準を示す。垂直線は、平均値を示す。破線は、最近の11研究において示された5〜95%水準である。

　下部パネルには、温暖化の影響と気温の関係を示した。全球平均気温の変化と地域的な気候変化との関係は、不確定である。特に、降水量変化に関する不確実性は、かなり大きい。この図は、最近の科学論文をもとにして、変化が起こりうる可能性の範囲を示している。

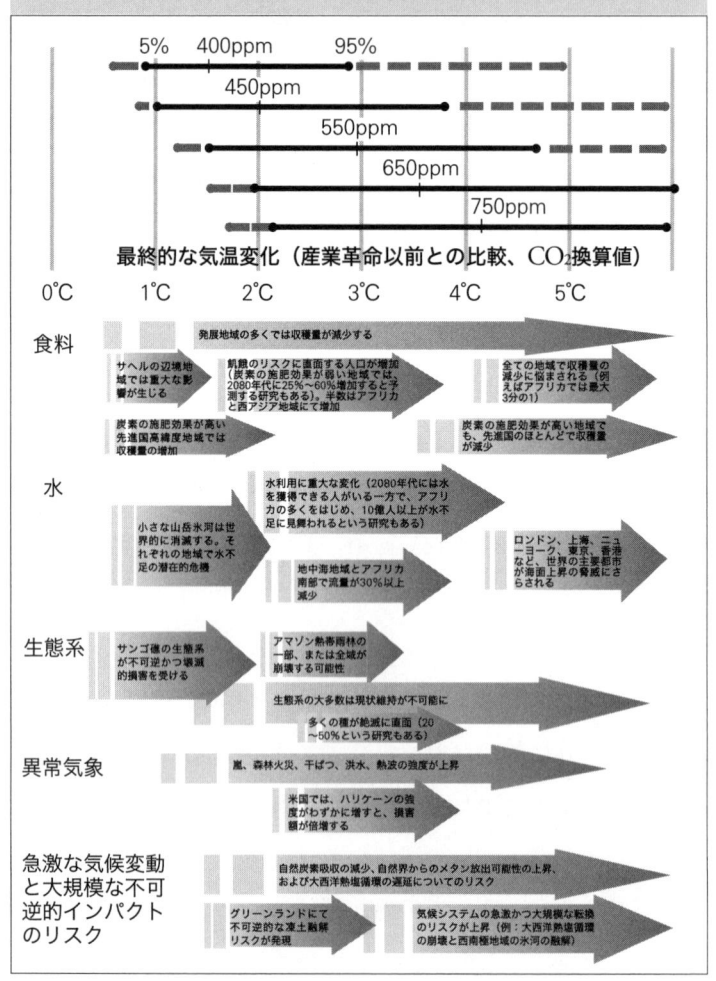

図7　スターン報告による二酸化炭素の安定化レベルと気温上昇幅の確率
（出典：スターン・レビュー）

超え、熱中症を引き起こします。

　司会●世界中の資源が逼迫してくると、ふきげんな地球をますますふきげんにさせるような、最大の環境破壊である戦争が起こります。

激化する資源の争奪戦争

　谷口●中国をはじめとするBRICsと呼ばれる新興国の高度経済成長に伴って、金属・エネルギー資源の消費量は膨大なものになっています。そのため、資源の争奪戦が世界で展開されています。中国は胡錦濤国家主席、温家宝首相はじめとする首脳により、なりふりかまわぬ資源外交を世界中で行っており、国ぐるみで資源確保を行っています。世界中で資源囲い込みに狂奔していると言ってもよいくらいです。特に、この2年間の状況は凄まじいものがあります。

　一方、国際資源メジャーの超大型M&A（企業の合併と買収）による業界再編は、目をみはるスピードで進み、世界の資源の寡占支配に走っています。インドネシア、ボリビア、ペルー、ベネズエラ、エクアドルなどでは、資源ナショナリズムが再び台頭してきています。そのような世界の資源争奪戦の中で、日本は国家戦略も資源外交も殆んど無いに等しい状態ですが、かろうじて大手商社が資源事業の重要性と収益性に気づいて、個別資源開発プロジェクトに出資して権益確保を行っています。

　このような資源争奪戦の戦場は、アフリカ、東南アジア、

中央アジア、南米など資源豊かな発展途上国ですが、その結果、地域紛争、人権問題、環境問題、労働問題や腐敗の問題が、各地で顕在化しています。そして、政争、紛争、テロ、戦争には、必ずと言ってよいほど資源が絡んでいるのです。重要な資源は、一部の国に偏在しているため、資源枯渇の問題もさることながら、地政学的な供給障害が問題となってきています。

司会●我々日本人の目が届かないところで、無法かつ無制限に行われている資源獲得競争の激化は、資源のサステナビリティが失われてきたことを端的に物語っていますね。

谷口●その通りです。資源面でサステナビリティが失われつつあることに気づいている国々が自国の国益を最優先してきているのです。とうてい、地球益を考慮しているとは思えない状態です。それが、環境先進国と言われるヨーロッパの国でさえそうなのです。

もうすでに、資源争奪戦は世界中で起きています。異常気象による土壌流出と砂漠化による耕地面積の不足、人口増加から食料争奪戦もいずれ起きるでしょう。実は、現在はまだ表面化していませんが、金属資源ではなくて、肥料用のリン鉱石資源の枯渇と地政学的な偏在性が懸念される状態になってきたのです。それを抜け目なく察知して、多国籍化学会社のカーギル社は、将来の食料危機とエネルギー作物の増産に備えて、リン資源の確保に走っています。アメリカの地質調査所（USGS）は、重要資源9品目として、金、銅、亜鉛、ニッ

ケル、白金族金属、鉛、コバルトの他、何とリンとカリを挙げているのです。肥料がなければ農業は成り立たない、ことは言うまでもないことです。レア・メタルやレア・アースは、科学技術の発達によって代替物質の開発は、大変難しいけれど不可能ではありません。しかし、窒素、リン、カリという肥料三要素のうち、リンとカリには代替物質はないのです。

　新興国の高度経済成長による、深刻な環境汚染による環境難民も大量に発生するでしょう。結局、弱肉強食の時代が来るかもしれません。いや、もう来ているのに、平和にすっかり慣れきった日本だけが認識していないのではないでしょうか。

　資源をめぐる国際的な動きは、ここ数年きわめて激しく、資源産業というオールド・エコノミーの恐竜が生き返ったと表現できるような様相を呈しています。それは、"石油がぶ飲み"あるいは"鉱物資源の爆食"などと揶揄されるほどの中国の世界における資源囲い込みと、激しいM&A合戦を展開する資源メジャー、そして急騰する石油ならびに金属価格の高騰です。まさに、今、資源争奪戦が行われています。膨大な量になった資源消費量に対して、供給側の政治的、社会的、環境的な条件から、その不安定性がますます高まっています。具体的には、資源をめぐる地域紛争、先住民との摩擦、自然環境破壊、政府・行政の腐敗構造、民族間闘争、人権・労働問題などです。特に、先住民問題が、どこで、どのようなかたちで起きているか事例をお話ししましょう。

　先住民族が、太古の昔の祖先から引き継いできた豊かな自然と土地に関する権利と、現代の国家に帰属する地下資源と

の競合・紛争が、世界の共通の問題として起きています。例えば、オーストラリアのアボリジニ（金・ボーキサイト・ウラニウム）、アメリカ、カナダのインディアン（金、ウラニウム）、南太平洋のニューカレドニアのメラネシア系カナック族（ニッケル）、フィリピンの先住諸部族（銅、金）、インドネシア・パプア州の先住民（金、銅）、パプア・ニューギニアの先住諸部族（金、ニッケル）、アフリカのスーダン（石油）、コンゴ民主共和国（銅、コバルト、ダイヤモンド、金、タンタル）、ザンビア、ナイジェリア（銅、石油）などのニグロ・アフリカ系諸部族（非アラブ系）、南米ブラジル、ボリビアなどアマゾンの先住諸部族（金・銀、銅）、極東シベリアのウデヘ族などタイガに住む先住諸部族（木材）など枚挙に暇がありません。世界に3.7億人の先住民が、先進工業化社会を支える鉱物資源、エネルギー資源、木材資源など天然資源の開発のために、彼らの生存基盤である自然を破壊され、生存権さえ奪われ追い詰められているのです。

　2007年9月13日、国連総会で、「先住民族の権利宣言」が圧倒的多数で採択されました。その時、反対投票をした国は、アメリカ、カナダ、オーストラリア、ニュージーランドの4カ国だけでした。彼らは、共通して国内に先住民居住区に資源があり、問題を抱えていたからです。採択された権利宣言には、先住民の自然、土地、文化、伝統、言語などに対する権利とともに、地下資源の権利も謳っていることが一番の反対理由であると思います。戦争、紛争、腐敗、環境破壊、労働、人権の問題は、必ずと言ってよいほど裏に資源が絡んでいるのです。

写真1　ニューカレドニア、ゴロニッケル鉱山開発に反対している先住民たち

司会●地球温暖化による水資源への影響は先ほど述べてもらいましたが、その結果として国際的には水をめぐる争奪戦争も深刻ですね。

谷口●水資源について言えば、世界の経済成長と66億人となった人口増加、そして地球温暖化、異常気象による渇水・干ばつのため、農業用、産業用、飲料用の水不足は世界各地で顕在化しています。水資源は、もともと再生可能な循環資源で、世界全体で見ると十分あるかもしれませんが、地域的に偏在性が大きい資源と言えましょう。すなわち、水資源は地域によって大きな格差があるということです。例えば、国民一人当たりの年間水資源量は、世界平均では8,559トンなので

すが、カナダが世界で最も多く9万767トン、ブラジルが4万5,039トン、ロシアが3万1,841トン、米国1万169トン、日本は3,337トン、中国は2,127トン、サウジアラビア94トンという具合です。増加する人口を支える食料増産のための農業用水需要の増加、経済規模拡大に伴う水需要増加、人口の都市集中による地域的な水不足によって、今後世界の水需給と水ストレスは、ますます厳しくなることは間違いないようです。

　水をめぐる国際紛争あるいは争奪戦は、主として発展途上国で起きています。例えば、チグリス・ユーフラテス川では、トルコ、シリア、イラク間で水資源の開発と配分問題でぎくしゃくしています。中央アジアのアラル海に注ぐアムダリア・シルダリア川では、カザフスタンとウズベキスタンの間で水の過剰利用と配分問題。ヨルダン川ではイスラエル、ヨルダン、レバノンが水源地域の所有と水の配分問題。ナイル川では、エジプト、スーダン、エチオピアがダム建設と水の配分問題。アムール川では、ロシアと中国が沿岸領土問題と水質汚染問題が起き、その他にも数多くの紛争が世界各地で起きています。国際協定によって、紛争が解決したところもあります。コロラド川をめぐる米国、メキシコ間の水過剰利用と汚染問題などです。

　司会●水をめぐる争奪戦と言えば、食料自給率の低い国は他国から食料を安定的に輸入するために、食料をめぐる争奪戦とも言えなくはない農耕地の囲い込みも行わ

れつつあると聞いています。世界の食料や森林については、どのような状態なのでしょうか。

五反田●現在は、世界の食料需要よりも生産量のほうが多く食料不足ではありません。しかし、世界には飢えに苦しむ地域もあり、バランスには大きな問題があります。近年では、中国をはじめとするアジア地域での食生活の変化による肉などの需要増が、大量の穀物を消費することにつながっています。すでに技術的に単収を増やすことは限界に近く、これ以上農地も拡張が難しい状況から、今後の食料生産量の増加は小さいものと考えられ、人口増加と食生活の変化による穀物需要の増加に対して、供給が追いつかなくなることが考えられます。例えば、アメリカの環境専門家のレスター・ブラウンによれば、中国やリビアなどの食料輸入大国は、南米やウクライナなどに自国向け生産のために土地を長期間借りる計画を持つとも言われています。

森林資源も、減少の一途を辿っています。国連食料農業機関のデータによると、1990年から2000年のたった10年間に9,400万ヘクタールの森林が地球上から消滅しました。森林の破壊は、主に熱帯雨林で起こっており、その原因は農地への転用や過度の焼畑などが挙げられますが、その根底には開発途上国における人口増加や貧困があると考えられます。

森林は、古くから人間による利用や改変を受け、面積(資源量)だけではなく質も変わっています。人間が利用しやすい形態の森林に改変を行うことは、森林生態系の劣化を招きます。人間(人間活動)にとって価値のない生物、人間にと

って有害な生物は排除する。このようにして失われた環境は、二度と元に戻すことができないということが問題です。例えば、絶滅してしまった生物種は、二度と地球上に現れることはありません。森林なども植林すれば元に戻ると錯覚しますが、それは絶滅してしまった生物種と似たようなものであり、本来そこにある森林ではない。同じ樹木が存在していても、そこに生息する他の草木や動物などが集まらなければ本来の森林ではないわけです。

　湿原や干潟でも同じことが起こっています。湿原や干潟は埋め立てなど人間による開発の影響を古くから受けてきました。特に、近年は沿岸部の開発の激化により干潟のほとんどが失われている状況です。しかし、干潟には水質を改善する大きな能力があり、干潟の消失は干潟の生態系や環境のみならず周辺の水域の環境をも破壊することになるのです。

失われる生物多様性

　丹羽●森林、草原、湖沼、海洋など、様々な生態系で豊かな生物種が生息することは、生物多様性を維持するための条件です。人間による生物の過剰採取や開発による生息地の侵害は、多様性の母体となる生物を減少させることにつながり、生態系を著しく破壊し、生物多様性を妨げる原因となります。海洋生物である珊瑚によって形成された岩礁、すなわち珊瑚礁は多くの海洋生物種の生息場所となっていますが、埋め立てや海洋汚染によって、すでに地球の珊瑚礁の1/5は破壊されたと言われています。最近は、地球温暖化の影響なども加わ

り、その消失面積は増すばかりです。住み処を追われた多くの生物種もまた、時間とともにその数を減らしています。陸上でも、生息地の農地化や都市化などによって自然が破壊され、生態系は影響を受け、その結果、生物多様性は保たれなくなってきています。

　谷口●森林破壊後の土地の荒廃について言いますと、まず森林破壊の原因は、資源開発、農地造成、過放牧、気候変動、皆伐、酸性雨、都市開発など色々あります。森林の価値は人類にとってきわめて大きく、水源涵養、エコシステム維持、生物多様性、土壌保護、酸素の供給、アメニティ、海洋生態系の維持など、その価値は人類にとって経済的、環境的、倫理的、そして生命維持装置としての価値など、宝庫のようなものです。したがって、森林破壊による土地の荒廃は、計り知れないものがあります。生物多様性の消滅、固有種の消滅、水資源の枯渇、砂漠化、表土の流失による農地の荒廃、河川の無生物化などです。人口が増え、人類の経済・社会活動が、世界的に拡大したために、すでに絶滅した生物、絶滅の危機に瀕している生物が多いようですが、現在はどのような状態なのでしょうか。

　丹羽●生物は、過去に何度も絶滅の危機に見舞われた、と言われています。絶滅した生物は、地球上に誕生した生物の総量の9割以上、数十億ないし数百億種に上るとみる学者もいます。この数を聞くと、膨大な量のように思われますが、生命の誕生が36億年ほど前であることを考慮すると、1年に平均1

種ないし10種が絶滅していた勘定になります。一方、科学革命期の17世紀以降、絶滅した種の数は700種余りということで、1年に平均2種ほどになります。しかし、この値が必ずしも現状を表していると言えないのは、近年、絶滅が確認される生物種が急速に増加しているからです。絶滅の原因のほとんどが、人間の生活活動によるという点も過去に見られなかったことです。現存する生物は、絶滅の原因とみられている環境の急変を何度もかいくぐって、生き延びた生物の遺伝子を引き継いでいると言ってよく、それを後世につなげるのは人類に課せられた使命だと思います。

　司会●ヒトという種が絶えることなく今に続いたことで、将来かなりのリスクは負うとしても、遺伝子的に人間はサステナビリティを保証されている、と言えるでしょうか。

　丹羽●たとえ人類存続の危機に直面しても、過去にそうであったように、人間自身が本来持っている力で危機を脱することができるか、という問いかけだと思います。
　人間の場合は、長くて100年程度の寿命しかありませんが、その遺伝子は個体を乗り継ぎながら、自己複製を数十億年にわたって繰り返してきました。このことから、遺伝子は危機に直面しても、それを乗り越えられる個体を自己複製の過程でつくり出すことができるのではないかと思われます。ただ、その個体が、現在の人間の延長線上に位置するかどうかは、遺伝子次第と言えるでしょう。

司会●ヒトのサステナビリティに影響を及ぼす他の要因の具体例を挙げてください。

丹羽●生物は、長期間にわたって自然環境に適応して生きてきました。現代は人間によって環境がつくられるので、従来のように過去の出来事に基づいて未来を予測することはきわめて困難です。

そのことを考慮に入れた上で、人間の未来に影響を及ぼす要因を挙げるとすれば、まず人間の免疫能力の低下だと思います。その原因としては、主に生態系破壊の結果、生物多様性が後退して、人間が免疫を獲得する機会が極端に減ることで生じると考えられます。この一方で、生物種の減少に取って代わって、人口の爆発的な増加が予想され、寄生生物や微生物、ウイルスなどが人間を新たな宿主、あるいは攻撃のターゲットとすることは十分に考えられます。特に、人間を宿主とするウイルスは確実に増えると思います。

次に、未来に影響を及ぼす要因として、人間が自らを含め生物に対して行う遺伝子操作を挙げることができます。その理由としては、遺伝子操作が生態系を破壊する原因となる可能性が大きいように思えるからです。

司会●石油価格の急騰による世界的なバイオ燃料ブームや、食肉需要の増加で穀物価格が高騰しています。そのため、栽培上の手間がかからない遺伝子組み替え食品の作付け面積が増えていると言われていますが、なぜ遺伝子操作が生態系を破壊する原因になるのですか。

丹羽●人間を含め、動・植物に対する遺伝子操作は、その優位性や有用性などの獲得を目的として行われ、その結果として、それら条件の備わった、いわば粒ぞろいの命が生み出されます。これに対して、自然の生態系における有性生殖では、子孫を残すことが最大の目的ですから、個体の組み合わせによって生み出される命は、形態的にも、形質的にも異なった、ふぞろいなものとなります。生態系が栄えるためには、生物の多様性が維持されていなければならず、この観点からすれば、遺伝子操作は生物の多様性に逆行するものだと思います。

深刻な経済、社会への影響

司会●地球のサステナビリティが失われると、私たちの日々の暮らし、とりわけ経済生活に第一の波が押し寄せてくるわけですが、それはどのように目に見えるかたちでやってくるのでしょうか。例えば、今（2008）年の7月15日には、船舶の燃料価格が高騰して採算がとれないとして、窮状を訴えるために、漁船約20万隻が一日限りでしたが、一斉休漁に入りましたが……。

三橋●市場経済の下では、経済活動に必要な資源が不足してくると、価格上昇のかたちでまず警戒信号が発せられます。価格が上昇してくると、資源の供給側は、これをチャンスと受け止め、それまで不採算鉱山とみなしていた鉱山の再開発に取り組むなどして供給量を増やそうとします。やがて資源

の絶対量が不足してくると、価格はさらに上昇を続けます。この段階になると、流通部門では資材問屋が資源を抱え込み、出し惜しみをするため、その資源を使った製品の価格が暴騰します。それが他の製品や賃金に波及し、社会全体がインフレ社会に陥ります。70年代初めの石油ショックが、その典型的な例です。

資源調達がさらに困難になると、横流しなどの闇経済が横行するようになり、経済秩序が破壊されてしまいます。その資源が、経済活動に不可欠のものであれば、次の段階として、資源をめぐり、地域同士、国同士の獲得紛争が激化し、最後は戦争にまで発展し、経済活動が破綻してしまうことが予想されます。こうして、経済活動のサステナビリティは失われてしまいます。

遠藤●資源枯渇問題は、経済社会を根底から揺るがします。石油ショックの時、日本社会は大パニックになりました。73年の第一次石油ショックでは、大阪の千里ニュータウンに端を発して"トイレットペーパー・パニック"や"洗剤パニック"が発生、国民は皆、殺気立ち、我れ先に買いだめに走り回りました。75年には、有吉佐和子の小説『複合汚染』が世に出て、様々な化学物質による生命の危機が訴えられると、大きな反響を呼び起こしました。人々は「じっと我慢」の節約ムード、巷には「節約」や「省」の文字が踊り、「企業悪者論」も起こりました。

79年の第二次石油ショックの時は、テレビの深夜放送は自粛、ネオン点灯も制限され、ガソリンスタンドの日・祭日休業な

ども行われました。その頃、銀価格も高騰していました。実は、富士フィルムのレンズ付フィルム「写ルンです」は、銀価格の高騰、つまり"シルバー・ショック"から生まれたものです。この頃、感光剤・銀塩の材料となる銀が、かつての30倍にまで高騰、レア・メタルである銀を循環させる商品を開発したわけです。

　また、洗剤パニックの洗礼を受けて、植物原料に着目していたライオンは91年、パーム油から界面活性剤の原料を製造する工場を香川県坂出市に設立しています。枯渇資源である石油に依存するのではなく、赤道地域で安定的に収穫できる多年生植物のパーム油やヤシ油を再生可能資源として着目したのです。ところが、その後、現地パーム園の乱開発により熱帯雨林の破壊がもたらされました。結果として、原生林の環境破壊を引き起こしてしまいます。そこで、熱帯雨林の生態系を守りつつパーム油を生産し活用していく道を探るべく、「持続可能なパーム油のための円卓会議」という団体が創設されました。WWF（世界自然保護基金）が音頭をとり、パーム油の供給関係者と企業などの利害関係者が同じテーブルについたものです。

　今後、次世代エネルギーとして注目されている燃料電池も、触媒となる金属は希少資源に頼らざるを得ません。資源がなくなれば、また、代替資源が開発されるでしょうし、化石エネルギー依存社会から水素社会へ、技術開発競争は続くでしょうが、いずれにしても、「モノ」を売るのではなく、「機能」や「サービス」を売る時代が来るのだと思います。そのように路線を変更した企業が、生き残っていくのではないでしょ

うか。

司会●歴史を振り返って見て、社会のサステナビリティが失われた時に、どのような破局現象が起こったのでしょうか。また、現代の日本では「格差社会」などという言葉が生まれていますが、経済生活のサステナビリティはすでに失われつつあるのでしょうか。

遠藤●世界的に見回すと、1970年代から企業活動と生活者住民のはざまで様々な得体の知れない事件や事故が相次ぎました。米国ニューヨーク州のラブカナルで地下水汚染が発覚したのは1978年、住民たちはガンなどにかかるなど身に覚えのない不幸に見舞われました。1976年のイタリア・セベソ市のダイオキシン飛散事故では、22万人が被災しています。1984年12月2日には、米国ユニオンカーバイト社がインドに所有するボパール農薬工場から猛毒ガスが漏れ、2,500人が死亡し、50万人以上が被災する史上最悪の化学工場事故となりました。1986年には、旧ソビエトでチェルノブイリ原子力発電所の事故が起こり、人々は安心して牛乳も飲めなくなりました。1989年には、エクソン・モービル社の石油タンカー「バルディーズ号」の座礁事故で、北海で7,000頭ものゼニガタアザラシが死にました。

このような事故や事件のほとんどは、科学文明や産業界が加害者で、生活者住民は被害者です。地球環境の破局現象をとらえて、『TIME』誌の1989年1月号は、"荒涼とした砂浜にビニール袋に包まれた地球"の姿を表紙に掲載しました。同誌は、毎年恒例で「今年の話題の人　Who (man) of the Year」を

発表してきたのですが、この年はたいへん異例な編集をしたわけです。1990年代の環境保護運動は、この号の特集記事が引き金になったとも言われています。中国でも、2005年11月、黒竜江・松花江でベンゼン類汚染事故が起こりました。アジアの環境汚染事故と事件は、これからますます深刻化するのではないでしょうか。日本での四大公害事件の時もそうですが、被害者は常に全く罪のない市民や子どもたちです。

　一方、地球環境を無視した経済社会システムは、所得格差や南北格差、人権や雇用といった問題も浮き彫りにしました。社会的弱者の問題では、1990年代半ば、ナイキがベトナムで15歳以下の若年労働者を過酷な労働環境で搾取労働を強い、このことがインターネットで米国社会に知れ渡り、不買運動へと発展しました。この事件から学んで、ほとんどの国際企業は、以後、途上国での搾取工場を止め、人権に配慮した労働環境を確保するようになりました。1997年には、米国で労働者の基本的な人権の保護に関する規範を定める「SA（Social Accountability）8000」という規格も生まれました。

　シェル石油も、1995年、ブレント油田で不要になったスパー（井桁）を北海に沈めようとした「ブレントスパー事件」を起こし、欧州全体から不買運動を引き起こしました。グリーンピースなどの環境NGOの存在、それに呼応して不買運動に共鳴した市民たちの力の前に、シェルは、環境配慮型企業へと軌道修正しました。

　また、バイオ燃料の需要急増で、原料のヤシ林の大規模開発による熱帯雨林の伐採で生態系破壊が進み、焼畑農法などで深刻な大気汚染が進んでいる問題では、その恵みを享受し

ている消費国の責任も大きく問われるところです。

平原●遠藤先生の話を踏まえて、可能性がある答えとしては、今より貧富の格差がどんな局面でも増えることにより、社会が文化的な意味を含めた社会生活を営める豊かな層と、生存権ぎりぎりの生活を余儀なくされる貧困層に大きく二つに分かれていくことでしょう。今でも、先進国と途上国というようなレベルでの生活水準の格差や、国内レベルでの格差は存在します。しかし、豊かでいられる層は、今よりずっと少なくなります。そうなった時に、貧しい層が豊かな層を黙認するかと言われれば、非常に心もとない気がします。

　古くはフランス革命や近くは現在、中国で起きている農民暴動のように、貧富の格差はしばしば、暴力をもって解決がなされようとされます。貧富の格差でなくても、民族や人種による差別も紛争の原因になります。こうした格差や差別が混ざり合うと、紛争は複雑で広範になる可能性は否定できません。紛争には、軍事行為も含まれますから、これがさらなる環境破壊を引き起こします。そのことによって、さらに社会のサステナビリティは失われます。ただ、社会的な問題が環境に与える影響は、歴史的には戦争とは別の問題として現れることもありますね。

三橋●日本では、明治維新（1868年）以降、産業の近代化を積極的に進め、経済発展を追求してきました。その過程で早くも1880年頃には、足尾銅山鉱毒事件が発生し、地元住民の健康に重大な損害を与えました。明治末（1911年）頃には、東京、

大阪などの大都市周辺に各種工場がつくられるようになり、工場から排出される煤煙や硫黄酸化物、窒素酸化物などによる大気汚染がぜんそくなどの呼吸器障害を引き起こし、社会問題になりました。

　しかし、経済発展による公害の発生が、一気に噴出してきたのは、戦後の高度成長時代からです。戦後の日本は、60年代の高度成長によって物的に豊かになりましたが、その代償として、大気、水、土壌などの自然環境を急激に汚染してしまいました。水俣病に象徴される深刻な公害が各地で発生し、日本社会のサステナビリティは、著しく損なわれてしまいました。

　70年代に入ると、71年に環境庁（現・環境省）が新設され、一連の公害関連諸法も成立しました。公害という負の遺産に初めて直面して、世論の厳しい批判にさらされ、当時の政府は結構、真剣に公害対策に取り組みました。

　90年代に入る前後から、今度は、酸性雨の発生、オゾン層の破壊、海洋汚染、温暖化など地球規模の環境破壊が多発し、地球のサステナビリティを脅かすようになりました。この一連の環境破壊は、60年代に多発した公害とは明らかに違った性質を持っていました。60年代の公害は、被害地域が限定的で、公害の被害者と加害者が特定しやすかったのですが、それに対し地球規模の環境破壊は、地域が大きく広がり一国単位ではとても解決が難しい。しかも因果関係が複雑で、被害者が同時に加害者であったりします。地球温暖化がそのよい例ですね。

　温暖化が引き起こす気候変動の脅威から逃れるためには、

石油文明に代わる新しい地球文明をつくり上げなくてはなりませんが、それには大変な覚悟が必要です。誰だって、今日の豊かで快適な生活を失いたくありません。しかし現在の地球規模の環境破壊は、その選択を人類に求めているとも言えます。

人類が変われば地球も変わる

自然と共存、共生できる科学と技術

　司会●失われた地球のサステナビリティを取り戻すためにどうしたらよいか、マスコミでも環境の問題が大分取り上げられるようになりました。企業広告にも「地球にやさしい」というフレーズがあふれていますが、これまで科学技術や経済学などは、自然資源をいかに効率的に活用し、経済を発展させるかに関心を集中させてきました。その結果、物的豊かさは達成できましたが、資源枯渇や環境破壊が深刻化し、地球のサステナビリティが損なわれるなどの問題が起こっています。また、自然との触れ合いが少なくなった私たちの心の荒廃なども顕在化しています。私たちは、石油依存型の現代文明に代わる新しい地球文明を構築していかなくてはなりません。まず、科学技術のあり方からお話しください。

　丹羽●20世紀以降、科学と技術が一体となって文明の後押しをしてきました。科学技術の進歩が人類の繁栄をもたらした、と言っても過言ではないでしょう。しかし、それによって世界に歪みが拡大したことも事実です。先進国と呼ばれる国々は、科学技術レベルの高さを誇り、それを普遍的な価値

として他の国を評価し、基準に満たない国を後進国、あるいは発展途上国と呼んで差別化しました。このことは、科学技術を絶対的価値として、それらの国々に認めさせるに十分な効果を発揮しました。

　しかし、絶対的な価値観による国際社会の質の均一化は、資源の有限性から見ればあり得ないことですし、大規模な環境破壊につながることは明らかです。また、20世紀半ば以後、核分裂によるエネルギーが大規模な破壊を生み、遺伝子の組み替えが人類の将来に影響を与えかねない、といった危機感を科学者は共有するようになりましたが、絶対的価値基準に対しては、その考え方にあまり変化が見られないように思われます。

　私たちは今、文明拡大の限界を認識せざるを得ないところまできています。一方では、この行き詰まりを打開できるのは科学技術だ、という期待感が一般の人たちの間に根強くありますが、現在の絶対的価値観のもとで具体的な打開策を探ることは、きわめて困難なように思います。環境問題の解決に多様な知識が要求されるのと同じように、科学者が自己の専門に埋没することなく外部に多元的価値を見い出すことが、サステナビリティにつながるのではないかと思います。

五反田●自然科学者は、長い間、自分の関心や興味のあること、もしくは科学的真理を追究することにのみ没頭してきたように思います。科学は真理を追究することも重要ですが、地球が危機的な状況にある今日の社会では、積極的に問題解決のための情報を提供していくことが必要だと思います。環

境問題の解決には、自然科学者は経済や政治に任せておけばよいという態度では、もはや済まされない責任を負う時代だと思います。

平原●同様のことが社会科学にも言えるかもしれません。法学や政治学のような古くからある学問は別として、経済学はその多くのモデルを物理学から学び、社会学は経済学と生物学からその多くを学びました。こうした学問では、科学技術が引き起こす現象に関心は持つものの、直接の解決は自然科学任せでしかありません。間接的な処方箋として、環境税や規制などはつくることができますが、やはり最後は自然科学に任せるということになる。その点では、社会科学に携わる者も、さらには社会人として生きていく者も、もう少し自然科学を知った上で、科学技術の社会性を考えながら利用することが必要なのかもしれません。と同時に、問題解決の組み合わせや、どのように社会に受け入れさせるかなどは社会科学の仕事でもあり、もっと自然科学と人文・社会科学は、今以上に情報を交換していくことが重要になるでしょう。

谷口●20世紀後半の日本の繁栄は、世界に冠たる品質のものづくりによってもたらされたことは誰しも認めるところです。しかし、21世紀も20世紀と同じパラダイム（思考の枠組み）のものづくりでよいのでしょうか。環境と資源の制約下にある21世紀のものづくりに携わる人たちは、自らそのパラダイムを変える必要があると思います。具体的には、①原材料資源の調達行動の変革。②過剰品質志向から最適品質志向へ。③生

産プロセスの部分最適化からトータル最適化へ。④20世紀のものづくりのスローガンであった、"次工程はお客様"から"前工程に思いやりを"への変更。⑤資源生産性の飛躍的な向上。⑥機械設備に都合のよい原料資源受け入れから、原料資源に合わせた機械設備の設計。⑦エコデザイン。⑧刺身で吸い物のだしをとるような資源の使い方はしない。⑨消費者がいつまでも大切に使いたい、と思うようなものづくり。⑩何をつくって、何をつくらないかを常に考える。⑪消費者へ、製品に使用されているレア・メタルなど貴重な資源の内容、化学物質などの積極的開示をするなど、21世紀のものづくり携わる技術者は、20世紀型ものづくりのパラダイムを転換しなければならないと思います。

　それから、よく科学技術が進歩して、やがて環境問題も資源問題も解決してくれるだろうという"技術的楽観主義"の人に時々出会います。しかし、現代の経済・社会は、すでにサステナビリティではなくなって、技術頼みでは解決できない段階になっています。このような状態になった一端の責任は、技術の進歩にもあるのです。その例が、特定フロン、PCB、DDTといった有害化学物質、化学兵器、核兵器などです。ギリシャの哲学者、プラトンは、「この世の中は、自然と偶然と技術でつくられている。最も美しくて完全なものが前の二つでつくられており、最も醜くて不完全なものが三つ目の技術でつくられる」と言っています。この言葉は、今でも立派に通用します。

　一方、モノを使う側の問題ですが、今や巷には携帯電話、パソコン、ゲーム機などデジタル製品が溢れています。しか

し、それらのモノを道具として使うのではなく、逆にモノに使われて魂を奪われてしまっている状態が、情報化時代ともてはやされているのが現代社会ではないでしょうか。しかも、常にそれらデジタル機器に囲まれながら、その中身に使われている資源のことはまったく知らないのです。ですから、資源を採り出す最上流の現場で起きていることなどには、関心を示すはずもありません。四六時中、携帯電話を握って放さない若者を見ると、まるで心を持たないサイボーグに見えてなりません。機械に魂を奪われていて、そこには哲学も倫理も入る余地はありません。

　丹羽●医療技術の世界でも、テクノロジーとビジネスが一緒に歩み始めた時、人間の欲望が最大限に叶えられることは、過去の例を引くまでもなく明らかです。テクノロジーとビジネスは、いったん歩み始めると後へ引くことはできなくなります。スペア臓器やクローン、そしてデザイナー・ベイビーと、人間だけでなく、あらゆる動物がその対象となる時が、近い将来、来ることは間違いないでしょう。

　三橋●人類の歴史を振り返っても、モノにこれだけ振り回された時代はなかったことは確かです。今の子どもたちは、ファミコンゲームの名前やスポーツカーの名前は驚くほどよく知っていますが、身近に存在する草花や樹木の名前はほとんど知りません。春に芽吹く樹木の葉の形状は樹種によってことごとく異なるし、同じ緑の若葉と言っても萌え黄色から濃緑色まで千差万別です。人間もまた一人ひとり、様々な個

性を持っており、同じ人間は二人と存在しません。地球のサステナビリティを取り戻すためには、このような自然界のありのままの姿をしっかり観察し、異なる個性が集まって、全体としての持続可能な自然が維持されていることを知ることが必要です。今日のように、物質化が極端に進むと、子どもたちの自然への関心はますます薄れ、自然環境の破壊を何とも思わなくなってしまいます。

　　谷口●生態系をこれ以上破壊しないためには、「サステナビリティとプライシング」、言い換えれば、「地球環境と天然資源の価値とその評価」を見直さなければならないということです。森林の持つCO_2吸収源、水源涵養、空気の清浄化、土壌維持、海洋生物への栄養源の供給、その他諸々の機能、そして自然生態系、生物多様性などは、きわめて高い価値評価がなされるべきです。しかし、それらを破壊しても、現実には「外部不経済」として、市場メカニズムの対象外に置き、誰もそれに経済的な価値を認めない。

　それらの価値を正当に評価するようになれば、無差別な生態系破壊は防ぎ、資源の生産を重視したものづくりを行うことになり、サステナビリティの糸口が見つかるのではないでしょうか。例えば、1989年にアラスカ沖で起きた、エクソン・モービル社の石油タンカー「バルティーズ号」の座礁事故では、流れ出した原油による生態系破壊への影響は計り知れないものでした。それでは、破壊された生態系の価値をどのように金銭価値評価（プライシング）したらよいのでしょうか。それは、守らなければならない生態系は、国家が、国民から

預かっている信託財産と考えれば計算できるわけで、米国政府はこのような考えから、ノーベル賞級の学者を動員して生態系の損害額を計算しました。こうすれば、加害者に対する賠償責任も明確になるはずです。

　命あるものに値段をつけることに抵抗感がある人は多いと思いますが、現代の市場主義経済システムの中に内部化されていない生態系などの価値が、経済の仕組みの中で不当に無視されていることが問題です。ちなみに、日本近海でも1997年、石油タンカー「ナホトカ号」による海洋汚染問題がありましたが、あの時は漁業補償だけしか請求しませんでした。しかし、海洋生態系の価値は大変大きなものであったはずです。したがって、人類みんなの生命維持装置としての生態系、生物多様性、オゾン層、大気、水などに正当な価値をつける必要があると私は思うのです。そうすれば、かけがえのない生態系の正当な価値に比べて、安易な金儲けの事業は価値が低いので、生態系を破壊してまで事業をやるべきでないという結論になるはずです。現在は、そういうものにプライシングがなされていないために、ビジネス原理主義者あるいは市場原理主義者によって安易に破壊されているわけです。

　五反田●生態系については、破壊しないことも重要ですが、積極的に回復を図っていくことも重要です。一度破壊してしまった森や干潟などを、人工的にできる限り自然に近いかたちで回復を図ることは、詭弁やまやかしに見えますが、何もしないよりは効果があります。本来の自然や生態系は戻りませんが、ある生物にとってはそこに森があるから生き延びる

ことができた、といったこともあると考えられるからです。原始の森や干潟などだけを守っていくと、自然は散らばってしまい、環境の変化に対して非常にもろくなります。これを防ぐためには、飛び石のように、もしくは回廊状に自然を回復していくことが大きな効果を生みます。

地球の限界を踏まえた新しい経済学、経営学

　司会●経済成長こそあらゆる矛盾を克服できるという「経済成長神話」に対する信仰が、まだまだ根強く残っています。そうした理念で構成されている現代経済学を乗り越える新しい経済学、経営学の登場も必要ですね。

　三橋●現在の経済学は、過去のモノ不足時代を前提にして構築されています。食料や生活を支える様々なモノが十分にないと、人は満足な気持ちになれません。モノ不足社会では食料や生活に必要なモノをどんどん作らなければなりませんでした。そのためには、経済成長が必要です。その過程で、経済成長への期待が高まり、成長神話が生まれてきました。成長こそあらゆる社会の矛盾を解決してくれる、という考え方です。人々を飢えや貧困から救う唯一の道は、経済を発展させることしかなかったわけです。その極限状態が、「膨張の時代」だったと言えます。

　膨張の時代の50年を経て、今の私たちはどの時代よりも物的に豊かな生活を享受できるようになりました。しかし、豊か

さを手に入れて、これで万々歳というわけにはいきませんでした。例えば、温暖化の主因であるCO_2は、電気や自動車などを利用し、便利で豊かな生活を求めれば求めるほど排出量が増えてしまいます。便利な生活と引き換えに、温暖化が進行しているとも言えます。このことは、別の言い方をすれば、化石燃料依存型の経済成長に原因があることを物語るものです。経済成長は、すべての矛盾を解決するどころか、深刻な環境破壊を引き起こしていることになり、成長神話は説得力を失ってしまったと言えるでしょう。

　司会●それでは、これからの経済学が目指すべき方向はどうなりますか。

　三橋●具体的には、「環境経済学」の構築が挙げられます。環境経済学は、既存の経済学の成果、遺産を引き継ぎながら、さらに自然科学分野の様々な知見を取り入れ、既存の経済学の枠組みを広げることで、地球環境問題の解決を目指しています。環境経済学の最大の関心事は、環境と経済のトレードオフの関係を解決することです。環境と経済を両立させなければ、地球のサステナビリティは失われてしまいます。環境を重視すれば、経済発展が停滞し、経済発展を重視すれば、環境が悪化するということでは困ります。

　環境経済学から既存の経済学を見ると、いくつかの問題点が指摘できます。第一に既存の経済学には、有限性や資源量（ストック）という概念が著しく希薄なことです。既存の経済学は、経済成長（フロー）は望ましく、成長は永遠に続くこ

とが好ましいという暗黙の了解があるように思います。しかし、すでに指摘してきたように、地球の資源は有限であり、過剰に消費すれば減り続け、最後には底をついてしまいます。再生可能な水や森林資源も無限に存在しているわけではありません。地下水は、自然の水循環を無視して過剰に汲み上げて使えば枯渇し、深刻な水不足を招きます。有害廃棄物を自然の浄化力を超えて大量に排出し続ければ、人間の健康を損ない、地球環境は急激に悪化してしまいます。環境許容限度や資源量を考慮すれば、人口も経済も永遠に増え続けることなどできません。どこかで天井に突き当たります。地球資源の有限性、環境許容限度、さらにフローとストックのバランスなどにもっと配慮した経済学が必要です。

　第二の問題点は、既存の経済学が人間を経済合理性だけで行動する存在（ホモエコノミクス）として位置づけていることです。人間の行動は、経済合理性だけでは決まりません。弱者に対する同情（シンパシー）、あるいは地球環境を保全しなければならないという使命感（ミッション）で行動することもあります。例えば、価格は割高ですが、環境負荷の少ない製品が登場したとします。この場合、消費者はどのような行動をとるでしょうか。多くの消費者は、価格の安い製品を選ぶでしょう。しかし少数の消費者（グリーンコンシューマー）は、環境配慮型製品を選択するかもしれません。この少数の消費者が増えれば、「経済合理性」だけで人間行動を説明できなくなります。

　インド出身の経済学者、アマルティア・セン（1998年、ノーベル経済賞受賞）は、自著『合理的な愚か者』の中で、人間

は経済的動機の他に、共感やコミットメント（義務、責任）で行動することもあると指摘し、経済合理性だけの人間を合理的愚か者（rational fools）と批判しています。環境に配慮した製品を選択する消費者が増えれば、製品づくりのコンセプトも変わってくるでしょう。豊かな社会、地球限界時代という新しいステージでは、経済合理性以外の要因を重視して行動する多様な人間が増えています。このように多様な動機で行動する人間の分析が、既存の経済学では大幅に欠けています。

　司会●既存の経済学では、企業が競争に勝つためには、規模を拡大させ、生産性を高めることが必要であるという「規模の経済」という視点が、企業行動を説明する場面でよく使われます。世界中でグローバル経済が行き渡った今日、企業の吸収・合併なども、そうした考え方から奨励されます。規模の経済は、環境経済学では、どのように考えているのでしょうか。

　三橋●確かに、これまでの経済学は、企業が競争で生き残るためには、規模の経済が必要だと教えています。スケールメリットで生産性を高め、製品コストを引き下げることが競争に勝ち残るための重要な条件だからです。臨海地帯につくられた巨大な製鉄一貫工場や石油コンビナートは、規模の経済を体現した工場群です。規模の経済を実現するためには、石油などのエネルギーや原材料資源を大量に投入しなければなりません。経済規模が地球に対し小さかった時代には、経済規模の拡大は、企業の生き残りのために有利に働きました。

しかし、地球限界時代を迎えている今日、エネルギー、資源多消費型でスケールメリットを追求すると、環境と資源の壁に突き当たってしまいます。経済活動のあらゆる分野で、規模の経済が無条件で通用する時代ではなくなっているのです。地球の限界が明らかになったこれからの時代は、逆に「資源生産性」を向上させることで、製品コストを下げることが必要です。資源生産性を高めるということは、資源を節約することです。資源の節約によって、生産性を高める仕組みが必要です。規模の経済は、エネルギー・資源を大量に投入することで生産性を高める手法ですから、ここでも、エネルギー・資源の活用の仕方について、逆転の発想が必要ですね。

　司会●既存の経済学では、対応し切れない問題が多々あることはよく分かりました。それを補い、新たな概念を導入し、環境と経済の両立を目指すことが環境経済学の役割だとすれば、環境経済学の関心分野は、どこに向かうのでしょうか。また、企業行動をリードする経営学は、環境経営学の役割をどのように担っていくのでしょうか。

　三橋●第一は、フローとストックのバランスをとることが必要です。再生可能な資源は一定のストックが維持されていれば、持続可能な利用が可能です。例えば地下水は、雨（フロー）が地下水（ストック）に溜まる速度以内で利用すれば、枯渇することなく利用し続けることができます。しかし、雨で溜まる量を超えて過剰に利用すれば、枯渇してしまいます。森林の伐採も、計画的な植林によって森のストックが維持さ

れるようにバランスを保てば、資源が枯渇する心配はありません。経済活動によって排出されるCO_2の吸収源は、海や大地や森林です。CO_2の排出量が増え続け、これらの吸収源がいっぱいになってしまえば、残る吸収源である大気中にどんどん蓄積され、温暖化を加速させてしまいます。フローとストック、供給源と吸収源のバランスを保つことが重要な課題です。

　第二は、不確実性を考慮した体系の構築です。例えば、CO_2の大量排出が温暖化の有力な原因ですが、その詳細な因果関係は必ずしも100％解明されているわけではありません。しかし、CO_2が温室効果ガスであることは科学的に証明されており、大気中の濃度の上昇と比例して、温暖化が進行していることも観測されています。科学的には不確実性が残りますが、CO_2濃度の上昇が温暖化を促進させていることは疑いを挟む余地はありません。このような場合、科学的に因果関係がすべて解明されない限り対策を講じないということでは、手遅れになってしまうかもしれません。「やっぱりあの時実行しておけばよかった」と後になって後悔しても始まりません。現在できる予防的な対策を最大限実施し、「予防原則」とも言われる、「後で後悔しない対策」(no regret policy)を政策の中にしっかり位置づけ、事前に予防的な対策が打てるための体系が必要です。

　第三に、環境問題を市場経済内部に取り込むための工夫です。環境破壊のコストや自然資本の価値を価格メカニズムに組み込むことで、環境破壊を食い止め、自然資源の過剰消費を抑制していくシステムが必要です。環境税の導入や排出権取引市場の創出などは、そのための手法であり、今後自然環境や景観など、これまで価格付けが難しかった対象を、価格

メカニズムの中に組み込む様々な工夫が求められます。

　谷口●今の経済システムでは、CO_2吸収源としての機能、大気の清浄化機能、生物多様性、生態系、水源涵養機能などを持つ森林、河川、海洋、土壌などの価値は、市場メカニズムの外に置かれ、経済的価値が認められていません。言い換えれば、これらを破壊、汚染して、それらの機能を失っても、経済的な損失とはカウントされず、外部不経済として片付けられます。これらは、人類の生命維持装置です。これ以上減耗させてはならない、「人類共通の臨界自然資本」とも言えるものではないでしょうか。今こそ、これら自然資本に経済的価値を付与して、内部化すべき時ではないでしょうか。

　遠藤●そもそも、企業は利益が生まれなければ存続できません。しかし、今の時代、商品を売るためには環境への配慮が不可欠になりました。そこで、環境に配慮した商品を開発することになりますが、消費者に買ってもらわなければ話になりません。「環境淘汰時代」のカギは、社会＝消費者が握っているのです。英知ある判断で、"次のドア"を拓いてきた企業のほとんどは、環境配慮型企業です。セイコーエプソンの中村社長（当時）は、1988年、「環境に悪いと分ったものを使うわけにはいかない」と決断し、フロンレス企業を宣言、4年半で目標を達成しました。リコーの桜井社長（当時）は、「環境配慮を怠る企業は存続できない。顧客満足と環境保全の二軸に基づいて進めよ」と号令してきました。トヨタの環境経営を起動したのは、「社徳のある企業を目指そう」と檄を飛ば

した奥田社長（当時）たちでした。松下電器は、中村社長（当時）が「スーパー正直な会社になろう」と檄を飛ばし、V字回復を成し遂げています。シャープも、1998年、町田社長（当時）が、オンリーワン戦略を打ち出し、「液晶テレビで行こう」と決断した時から、これに応える消費者を獲得していきました。いずれも、タイミングよく優れたエコプロダクツを世に出しましたが、それを起動したのは、卓越した環境ビジョンにあったのだと思います。

　優れた商品や卓越した環境ビジョンを生み出した背景には、地球環境に配慮した消費を心がけるグリーンコンシューマーや優れた環境NGOの台頭がありました。そこで、これらの人々に、商品の環境性能や企業ビジョンなどを正確に伝える環境コミュニケーションが大切になったと思います。

　今、「もったいない資本主義」という考え方が登場しています。環境と経済を両立させようという考え方です。そのためには「欲望の抑制」が必要であると考えられ、国際社会は、ISOやGRI、CSRなどのツールを開発、産業社会に対する通行手形を生み出してきました。環境や社会にとって、よい企業を選別して投資する、「社会的責任投資」（SRI）への取り組みが進んでいます。2006年、国連グローバル・コンパクトと国連環境計画（UNEP）金融イニシアチブは、共同で「責任投資原則（PRI）」を打ち出しました。投資分析と意思決定に、「ESG（環境、社会、企業統治〔コーポレートガバナンス〕）の課題を組み込むこと」を謳った原則です。日本では、13社（2008年5月現在）が署名しています。欧米の金融機関の先導で途上国向けプロジェクト融資に当たって、地域の環境への配慮を定

めた「エクエーター (赤道) 原則」もつくられました。労働者の人権に関する社会説明責任を問う「SA8000」も制定されました。これらのルールを遵守することはもちろん、新たな遵守ルールを内発的に創出することが大切になってきました。つまり、これらの国際的な通行手形に先駆的に取り組み、あるいは、内発的にこれをリードしていく気概が必要なのです。自ら地球環境時代のルールブックになることです。

　平原●「ガバナンス」という言葉が出てきましたので、ちょっと話を広げますと、この言葉を政治学の世界で使う際には、多くの場合二つの含意があるように思います。一つ目は、これまでの意思決定は少数であったのが、多数でかつ多様な人々が意思決定に参加することになるということ。もう一つは、法だとかフォーマルなルールによって支配されていたのが、いわゆる「世間体」みたいなものも含めて、もっとインフォーマルなルールも重視されるということです。環境問題の多様性や複雑性という観点から言えば、こうした事例は、もっと増えていくことと思いますし、今でもそうした「ガバナンス」を強調する傾向は現れています。

　谷口●グローバル・コンパクト（企業行動原則）、CSR（企業の社会的責任）、SRI（社会的責任投資）、エクエーター原則（民間金融機関のための環境・社会影響ガイドライン）など、大変結構な世界的な動きもあります。例えば、グローバル・コンパクトの人権、労働、環境、腐敗に関する10の原則を定め、国連と世界の大企業のCEOとグローバル・コンパクトを交わ

している一流企業は増えました。

　一方で、発展途上国における鉱物資源など天然資源開発に伴う企業の開発行為を見ると、グローバル・コンパクトのすべての原則に抵触するようなことを行っている欧米系の有名大企業さえあります。ある資源メジャー企業は、英国の『ファイナンシャル・タイムズ』誌の環境経営度を計る人権基準に反することを途上国で行っているため、最近、同メジャー企業は同誌の評価対象から除外されてしまいました。また、国際資源メジャーが、途上国で資源開発を行う時、地元などの下請け企業とJV（共同企業体）を組んで開発を行うと、そのJV相手企業が全く環境意識、CSR意識などが皆無のため、数々の問題を起こしているのが現実で、メジャー企業はその責任を取ることはなく、あまり指導もしません。そして、これら国際資源メジャー企業が出す、CSR報告書やグローバル・コンパクトの10原則の各原則に対する対応報告書には、美しい言葉が並んでいるのです。これが現実です。

　日本の企業は、概して海外でも優等生に近いのではないかと思いますが、IR（投資家向け広報）活動などで、ステーク・ホールダー（利害関係者）とのコミュニケーションがまったく下手です。環境面でのコミュニケーションのスキルをもっと上げるべきだと思います。

　遠藤●松下電器は、2003年から「Nのエコ計画」シリーズを開始、自社製品に対比して環境性能の高い商品への買い替えを促進するキャンペーンを始めています。優れた環境経営には、消費者の認識共同体を目指す環境コミュニケーションは

不可欠です。パロマ工業の「ガス湯沸かし器」、松下電器の「FF式石油温風器事故」、三洋電機の「扇風機事故」など、経年家電製品の安全性が問われる中、環境省は省エネ家電への買い替え比較事業を開始しました。家庭で使用している家電製品と買い替えをしようとする省エネ製品を比べ、二酸化炭素の排出量や電気料金などにどのくらいの差が出るかを明示するもので、省エネ効果の高い商品にお墨付きを与えることになります。

今、欧州で、「ステークホルダー・エンゲージメント」という概念が重視されているようです。利害関係者との約束ですね。「エンゲージメント」は「約束・婚約」などの意味があり、ステークホルダー・エンゲージメントは、「利害関係者を巻き込んで、その力を借りること」と言えます。具体的に、利害関係者の意見やニーズを探り、汲み取り、経営改善に役立てるプロセスです。むろん、企業に対する不満やネガティブな主張を受け入れるもので、「リスク・マネジメント」の手法とも言えます。地球環境時代は、異文化コミュニケーションの時代ですから、この分野はますます重要になってくると思います。

平原●現在の環境政策研究でも、「リスク・コミュニケーション」や「情報」は重視され始めていて、多くの研究が始まっています。先ほど、経済学の話が出てきましたが、経済学では、リスクと情報は不確実性を表わすものであり、情報のやり取りを行うことによって、こうした不確実性を低下させることができます。社会学でも政治学でも、環境領域では、

コミュニケーションのネットワークの影響を重視する研究が確実に増えてきています。ただ、まだ始まったばかりなので、今後研究が蓄積されるともっと役に立つような話も出てくるのではないでしょうか。

松尾●英国の経済学者、ニコラス・スターン博士は、2006年に発表した『スターン・レビュー』の中で、「コスト・オブ・アクション（対策のために必要な費用）よりも、コスト・オブ・インアクション（対策をとらないことで発生する被害や費用）の方が大きいので、気候変動の緩和に投資をすることは経済的に節約になる」と指摘しています。予防的対策の重要性を分かりやすく説明しており、リスク・コミュニケーションの姿勢がはっきりしています。リスク・コミュニケーションの考え方が浸透してくれば、経済やビジネスの方向にも変化が出てくると思いますが、いかがでしょうか？

遠藤●企業は、社会＝消費者と一心同体です。人々のベネフィット（生活利便）追求の思いは、そのまま企業の成長につながってきます。企業の成長は、廃棄物や温暖化ガス排出量を見ればわかります。今、一般廃棄物の排出は、年間約5,000万トン。これに対して、産業廃棄物は、年間4億2,000万トン弱と圧倒的に産業廃棄物の方が多いのです。古くは、1970年に「清掃法」が見直され、「廃棄物処理法」が施行されるまでは、事業者が出す廃棄物も基本的には市町村で処理していたようです。しかし、事業系の廃棄物が増えたため、産業廃棄物という区分を新設し、排出事業者に処理の費用と責任を負

わせたのです。

　今日では、産業廃棄物の最終処分を減らすとともに、不法投棄の問題を解決するために、川下のユーザー企業や廃棄物処理業者だけでなく、モノを生産したメーカーにも廃棄物管理の責任を問う「拡大生産者責任」という考え方が導入されつつあります。原材料から廃棄物回収処理までのサプライチェーン（供給連鎖）全体に配慮した環境経営が求められるわけです。環境経営の中には、当然、リスク・コミュニケーションの考え方が取り入れられていると思います。

自然共生型の哲学、思想

　司会●贅沢で無駄の多い生活を見直すことで、環境負荷を減らすことは可能です。しかし、環境問題が大きく取り上げられる現在の日本でも、環境負荷低減への取り組みはなかなかうまくいっていません。人々が生活を変えるには、何が必要なのでしょうか？

　五反田●人々の意識の改革が必要だと思います。現在の地球環境問題は、科学技術の進歩だけでは解決ができません。科学技術は万能ではないということを理解し、人々を資源・エネルギーを大切にする節約するライフスタイルへ変化させることが必要です。

　日本人の精神にある「もったいない精神」は、ぜひとも復活させたいものです。もったいない精神は、食料や製品だけにとどまるものではありません。原料となる資源にも適用で

きます。例えば、日本の古代の建築には、古い建物を移築したものや木材、瓦などを再利用したものが多く見られます。木材資源の有限性を認識し、使えるものは使い、新しい資源の利用を抑えるということを、日本では古くから行っていたのです。

　三橋●資源小国だった日本は、先祖代々、モノを大切にするDNA（遺伝子）を引き継いできました。そうしなければ、生きていけないという事情もありました。その結果、一度採取した資源は、捨てる部分がないように有効利用してきました。例えば、江戸時代の日本では、主食の米を収穫した後の稲の藁（わら）は草履（ぞうり）や縄などを作る原料として利用してきました。その作業過程で出る藁ごみは燃料に使い、廃棄物になるものはほとんどありませんでした。意識はしていませんでしたが、今で言うゼロエミッション社会が実現していたわけです。

　人々は、生活に必要なモノの存在に心から感謝し、モノを使う場合には、そのモノがあたかも生き物であるかのように大切に使い、米粒一つでさえも、無駄にすることは許されませんでした。「このお米は、お百姓さんが汗水流して働いて作ったものだ。一粒でも無駄にすれば、お百姓さんに申し訳ない」と、子どもが米粒を茶碗につけたままにすると、親はこんな言い方でよく叱ったものです。また、もったいない精神は、「モノを粗末にすれば、神様から罰を受ける」という表現で、親から子へ、子から孫へと代々引き継がれてきました。ここにはアニミズム（自然界には霊魂が宿るという信仰）の要素も含まれています。

樹木の一つ一つ、川辺の石ころにも霊魂が宿るという考え方は、自然を大切にし、モノを粗末にしない精神の基になっています。欧米の学者の中には、アニミズムは原始的宗教として軽んずる傾向がありますが、人間と自然の共生のためには、アニミズムの考え方にもっと光を投げかけてもよいと思います。

2004年度のノーベル平和賞を受賞したケニアのワンガリー・マータイ女史は、日本の「もったいない精神」に深く感動し、環境保護のキーワードとして「もったいない」を国際語にするため、2005年3月に開かれた国連の「女性の地位委員会」で「MOTTAINAI」を参加者とともに唱和し、「もったいない」は、広く世界に知られるようになりました。

平原●私自身も性格的には、もったいないと言うか、基本的に無駄が嫌いという面はあります。コンビニ等で飲み物だけを買う時は、シールだけ張ってもらって、外で飲んで分別して捨てます。そうすれば、ごみを持ち出すことにはなりませんし、電気器具類のスイッチは、誰もいないところで音声ガイドが出るものなどは邪魔ですから切ります。そういう行動としての無駄を減らそうとすると、資源の無駄を減らせることは多いですよね。変な言い方ですが、行動を含めた無駄を考えると、意外に資源の無駄を減らすことって多いように思います。

これは一つの例ですが、以前、国連の持続可能な消費問題を研究するプロジェクトで、アメリカと日本の標準的な家庭を比較すると、家の中にはアメリカには5,200品目、日本には

9,000品目の商品があったと言います。また、欧米では家を売る時は、家具ごと売ります。だから現在では、日本よりむしろモノを大事にしている面が欧米にはあります。しかし、アメリカでは、一つひとつの商品の燃費が悪かったり、効率が悪かったり、食べ物のサイズが大きかったりします。だから、一つのものを大事にするのはアメリカの方が上手ですが、日本では一つのものを効率的に使うことに長けています。江戸時代の日本では、反古紙（ほごがみ）も習字の練習に使うくらいだったのですから、こうした面を取り戻して、世界には日本の効率性やもったいない精神を広めることが大事になるでしょう。

ライフスタイルの改革

　司会●普段の暮らしの中で、サステナビリティを維持するのに一番必要なものは何だと思いますか？

　松尾●サステナビリティを個人レベルで捉えるならば、最も身近な例が人間の健康だと思いますが、私は土木工学の側面から社会を見ることを学んだので、社会基盤と経済活動、都市と農村など、一対になっている関係が失われることが心配です。サステナビリティを考える時に、人里離れた自然界の絶滅危惧種や百年以上先の資源枯渇などの問題と、身の回りだけを近視眼的に比較して、「環境問題は大変だけど、自分には直接関係がない」と考えてしまう人もいます。しかし現実には、これまで通りの生活、大量消費による経済成長を加速することが、根本的にサステナビリティを奪う原動力とな

っています。様々なレベルのサステナビリティが連鎖的に崩壊する最悪の事態を想定し、対策をとることが必要だと思います。まちづくりには、もっとサステナビリティの視点が必要だと思います。

　平原●「コンパクトシティ計画」など、都市圏を小さくするだけでなく、コミュニティーの強化、住民は徒歩や自転車の移動程度で住めるような社会の構築が考えられています。これは、個人の環境行動を補助する役割もあります。こまめな買い物による無駄な消費の削減、ゴミ捨てやリサイクルなどが便利でかつ相互監視もしやすくなります。しかも、社会全体として資源もエネルギーも削減できるだけでなく、社会のつながりの強化や高齢者や障害者の扶助もしやすくなり、社会的満足度も高まります。こういう個人の環境行動を支援する社会の仕組みやルールを創造することも考える必要があります。例えば、富山市ではライトレールという低床型路面電車（LRT）を導入しました。これは、JR時代は岩瀬浜線という1時間に数本も走らないローカル線でした。それを路面電車にし、乗り場もバリアフリーにし、バスとは段差無しに乗り換えできるようにし、15分おきに運行するようにしました。その結果、乗降客は増えて地域住民も満足しているというケースがあります。このように地域の運輸の実情を考察しながら、環境負荷も考えた交通システムをつくるなどということは、今後重要な取り組みの一つとなるでしょう。昨今、地域格差という言葉がありますが、こういう努力こそが必要なのではないでしょうか？

また先ほどのリスク・コミュニケーションにもつながりますが、どのような議論をする時でも、もちろん環境問題を論じる時にも「情報」が必要です。もっと正確に言えば、一番必要というより一番重要なものは「情報」だと思います。環境問題は、自然から社会に至るまで幅広い知識がどうしても必要になります。と同時に、その関係がすべてわかっているわけではありません。普通に話をしていると、オゾン層が破壊されるので地球が温暖化されるというような話をする学生もいます。つまり、環境問題にはあまり様々な情報がありすぎて、どれが正しい情報かもわからないし、正しい情報もあまりに多過ぎると、先ほどのように個人の中で混同して捉える可能性もあります。だから、情報提供のあり方は実に重要です。

　日本やヨーロッパでは、環境問題が意識されたのは公害がきっかけでしたから、どうしても生産者への責任が強調されてきました。しかし、オゾン層の問題でも、リサイクルの問題でも、温暖化の問題でも、現在の問題は消費者の環境問題への対応が迫られています。ところが、グリーン消費者は、どこの国でも大体2割から3割代で留まっています。この対策のため、環境負荷に影響を与えない生活を考えるため、「持続可能な消費」という議論が近年なされるようになりました。

　2005（平成17）年9月に、内閣府が「環境意識に対する世論調査」を行いました。この中で、国民の間には、環境対策に係わる様々な情報が足りない、という意見が数多くありました。実態として、消費者には環境対策をどうしたらよいかという情報がどこにあって、どのような情報が正しいのか、そのた

めにどんな政策や組織があって、自分たちにはどんな協力ができるかがわからない、という声が多かったのです。また、持続可能な消費の研究で、筑波大学の西尾チヅル教授が、国民のゴミ捨て行動の調査を行い、リサイクルなどの対策は関東より関西の方が遅れているという結果が出たのですが、その背景には先ほどの情報提供の差が見られる、と分析しています。

他にも、多くの環境問題で、各種の環境ラベルやPRTR（環境汚染物質排出・移動登録）とか情報提供に係わる施策が行われるようになっています。もちろん、情報があれば行動につながっていくのかという問題はありますが、情報がないよりは、ある方が行動しやすい状況にあることは間違いないでしょう。

司会●なるほど、環境問題においては、情報提供という観点は重要ですね。ところで、企業から消費者への情報提供はどの程度進んでいるのでしょうか。

遠藤●生活者とパートナーシップ（協働）を構築することは、環境先進企業にとって、最優先課題になってきました。どの企業も、企業だけが環境対応すればよいなどと考えてはいません。キリンビールの社会環境部は、早くから「環境問題は、一企業や一部の人たちだけが取り組んで解決するものではない。キリンの取り組みをアピールするのではなく、社会に問題提起し、啓発し、社会を巻き込む活動を行っていきたい」とのコンセンサスを確認しています。トヨタ自動車が

「プリウス」を世に出し、1997年1月、トヨタ・エコプロジェクトを開始した時の課題は「パブリック・インボルブメント」、つまり、「社会と共に」の思いでした。松下電器は、おそるおそるノンフロン冷蔵庫を新発売しましたが、主婦たちの反応がよいことがわかると、すべてノンフロン冷蔵庫に切り替えました。生活者との協働の決め手は「情報」、特に「科学的に正確な情報＝ファクト」です。よく、現場・現実・現物と言われますが、まさに、その通り。生き残る企業の鉄則は、「ファクトを語れ」です。

司会●しかし、「情報」があることで、対策がわからなくなるという危険性はありませんか。環境問題には、いわゆる"攪乱情報"というのも、世の中にはあふれています。

平原●その危険性は否定できません。米本昌平の著書『地球環境問題とは何か』という本には、環境問題の本質は、多様な情報が流れてくる中で、不確実な情報を元に未来への意思決定をしなくてはならないと、いうようなくだりがあります。この本は1994年に書かれましたが、今でも多くの人にあてはまる問題です。そのためには、正しい情報の提供のあり方や、たくさんある情報の中から正しい情報を選択させるための教育が必要になるでしょう。
　今の環境教育は、自然教育の延長線上のような感じで、社会的な問題へのウエートは低いです。しかも、科学的な考えは100年以上変わらないようなものもあれば、3年もすれば既存の学問が役に立たなくなる領域もあります。特に環境問題は、

現在でも多くの研究が行われ、新しい知見も増えてきています。例えば、ダイオキシンは、その影響力が最初の想定より低いという研究が増えてきました。だから、学校での環境教育だけでなく、環境について生涯教育や常時、情報提供する仕組みも必要でしょう。

近頃、「公共広告機構」のCMで、リサイクルマークは「エコマーク」であるかのように、環境ラベルの理解を促す動きがあります。環境ラベルは、日本ではエコマークをはじめとして、様々な機能の違う環境ラベルが存在します。しかし、内容まではきちんと理解されていないのが現実です。そこで、公共広告というのもそうですが、環境教育に含めていくのがよいのではないかと思います。また、内容も含めて理解させる努力以外にも、見た目で誤解されないマークづくりも必要です。

例えば、PRTRのように危険な毒物をどれだけ持っていますということを政府や関係機関に提供する制度や、企業なら環境報告書、さらに社会的な責任についてもふれた社会環境報告書などの情報提供にも目を向けて、正しい情報提示かどうかを見る側もチェックしていくことが大事でしょう。情報提供は、とかく受身になるので、わからないことやおかしいと思うことはちゃんと意見することがよりよい情報提供につながります。つまり環境に関して、きちんとコミュニケーションをとる「環境コミュニケーション」の確立が重要なテーマになります。

社会学ではよく言われるのですが、「社会的ジレンマ」という問題があります。個人が合理的に行動した結果、社会的に

は不利益になるのが社会的ジレンマです。ゴミのポイ捨てや不法投棄、公害などは、こうしたメカニズムから生まれます。これは、個人の悪意のある行動が、相互に監視できないと起こるものと言われます。この監視に役立つのが、相互理解と言われます。ここでも、環境コミュニケーションが重要になってきます。

司会●環境問題での社会的ジレンマを避けて、しかも自発的に個人が環境対策をするためにはどういうことが必要になるでしょうか？

平原●大きく分けると二つありますね。一つは、環境問題をよく知ろうとすることです。以前見たテレビ番組で、スウェーデンの人が買い物をする時に、包装容器の種類まで見て購入すると放送していました。これで、リサイクル可能か、ゴミの量は減らせるかなども考えるそうです。また、その人は毎月のゴミの排出量を測定して記録しているそうです。つまり、環境問題を理解するとともに、自分が環境に向き合う態度を把握することも大事です。もう一つは、できる範囲で習慣化することです。どうせ一人ぐらいやらなくても同じなどという態度はとらないことです。逆に気負いすぎても、習慣化できないものは続きませんから、習慣化できることは続けること。例えば、寝る時はテレビを主電源から切ろう、買い物の時はエコバッグを持ってレジ袋は断ろうとか、何でもいいのです。自分が毎日、それも楽しくできるところから始めるといいと思います。

司会●これまで何気なく続けてきたライフスタイルや慣行の中には、環境という視点で見ると、環境負荷を高めたり、資源の浪費を加速させるという側面もあるように思います。

　五反田●日本人は、食料を大量に輸入して現在の贅沢な生活を送っています。しかし、日本は農地が無いとか農業ができないという理由で輸入をしているわけではなく、ただ安いという経済的な理由だけで輸入に頼っているのです。そのため、国内では農村が崩壊し、大量の食料を輸入し、さらにその食料の多くは、残飯など食料廃棄物として捨てられています。農業は、環境に対して大きな負荷をかける産業です。輸入をするということは、生産国の環境に対しても負荷をかけていることになります。しかも、輸入するには大量のエネルギーを消費します。このような無駄をなくすことが、まず環境負荷を減らすためには必要です。

　平原●こうした問題でよく論じられる「スローフード」は、1980年代にイタリアで始まりました。それは、マクドナルドの1号店がイタリアでできることが契機だったそうです。つまり、アメリカの文明的な広がりに反発して、イタリアの文化としての食生活を強調したのです。ですから、「ファースト」ではなく「スロー」フードであった。そこから「地産地消」という考えが生まれました。これは環境と言うより、今で言う「反グローバリズム」志向の運動だったのですが、その後環境問題が重視され、「フードマイル」のような考えが入って、ロハス（LOHAS）などの環境志向の生活の一部になっています。

そのため、1980年代というのは、先進国では環境問題にとっては転換点だった時期かもしれません。この頃から、公害に見られる特定地域で生産者が対策を講ずる環境問題から、地球全体で消費者も環境対策を行う時代に変わっていったと感じるのです。

　遠藤●1988年にイギリスで発行された『ザ・グリーンコンシューマー・ガイド』では、商品を選ぶ基準として、次の10原則を掲げています。①必要な物だけを買う　②ゴミは買わない。容器は再使用できるものを選ぶ　③使い捨て商品は避け、長く使えるものを選ぶ　④使う段階で環境への影響が少ないものを選ぶ　⑤作る時に環境を汚さず、作る人の健康を損なわないものを選ぶ　⑥自分と家族の健康や安全を損なわないものを選ぶ　⑦使った後、リサイクルできるものを選ぶ　⑧再生品を選ぶ　⑨生産、流通、使用、廃棄の各段階で、資源やエネルギーを浪費しないものを選ぶ　⑩環境対策に積極的なお店やメーカーを選ぶ　というものです。「戦略十訓」と対比すると正反対なことがわかります。

　谷口●サステナブルな社会をつくるためには、そろそろ豊かさの定義、認識、意識を変える時が来たと思います。それは、とりもなおさず文明を変えることです。しかし、文明をにわかに変えることはできないでしょうが、少なくとも、今から真剣に議論しアメリカ式ライフスタイルにノーと言い、2050年頃には新しい文明を興さなければならないと思います。

三橋●その通りだと思いますね。しかし、日本と違って資源が豊富にあり、廃棄物を処理する土地にも困らないアメリカで、資源多消費型のアメリカ式ライフスタイルを転換させることは、まだまだ先のような気がします。

　2007年の夏、カリフォルニア州のサンディエゴで1週間ほど過ごしました。中層のマンションでしたが、食事の際の生ごみはすべてデスポーザー（粉砕機）で処理します。果実の皮や魚の骨、キャベツやニンジン、ジャガイモなどの生ごみは、デスポーザーに投げ入れます。デスポーザーが大きな音を立てて生ごみを砕いている間、水道の水をジャージャーと流し続けます。水がもったいないと思いますが、そんなことはお構いなしです。下水汚泥が増えることにも関心がありません。

　スーパーでの買い物やテイクアウト店でバーガーなどを買うと、大量の容器・包装類がごみとなって残ります。ペットボトル、スチール缶やアルミ缶、ガラス瓶、紙容器などは、分別せず、ごちゃ混ぜにして大きなビニール袋に入れ、各階の廊下に備え付けられている「ごみ捨て口」から投げ込みます。1階に1トン程度は入るコンテナのごみ箱が置かれていて、その中に落ちます。コンテナのごみは、箱ごとトラックで回収されます。集められたごみは、近くの砂漠地帯に運ばれ、処理されているようです。ここでは、水の節約、ごみの分別、回収などの意識はなく、目の前のごみを目に付かないところに運んで処理すれば、それですべて終わりといった世界です。

　日本で批判されている「大量消費、大量廃棄」のライフスタイルは、アメリカ人にとって当たり前の生活で、もったいない精神がまったく通じない国であることを改めて感じまし

た。高度成長時代に、日本人のライフスタイルは極端にアメリカナイズされてしまいましたが、それと決別して、一刻も早くもったいない精神に立ち返るべきです。

地球限界時代にふさわしいモラルの構築

　五反田●地球は、巨大な宇宙船にたとえられますが、今は世界中の人々がそれを認識して行動しなければいけない時代に来ていると思います。長い間、地球は我々の欲しいものを提供し、不要な廃棄物を受け入れ浄化してくれましたが、人口が増え文明が発達した結果、もはや地球の能力は限界に達しつつあります。しかし、人間にとって地球はあまりにも大きくて、いつまでも我々のわがままを受け入れてくれるように錯覚してしまいます。人々は、地球の有限性を認識し、未来への計画を立てて行動していかなければ、人間社会は滅びてしまうと思います。

　谷口●根本的には、文明を変える必要があります。しかし、文明は10年、20年では変えることはできないでしょう。しかし、50年先のために、今からサステナブルな文明のあり方を議論しておくことはできるでしょう。そして、「バックキャスティング」によってサステナブルな文明に向かって必要なことを実行していくべきでしょう。

　三橋●これまでの日本は、「フォアキャスティング」によって、未来社会を展望してきました。フォアキャスティングは、

過去のトレンドを将来に延長して、将来社会の姿を描き出す手法です。将来、産業構造や人口構造、地球環境などに大きな変化が生じないと予想される場合は、フォアキャスティングは、有効な将来予測の手法と言えます。しかし、産業構造や人口構造、さらに地球環境などに将来、激変が起こると想定される場合、過去のトレンドを将来に延長すると、とんでもない方向に向かい、破滅への道を目指すことになりかねません。

　そのような場合には、将来の望ましい社会の姿を想定して、そこから現在を振り返り、その望ましい社会に到達するために必要な対策を推進することが必要になります。例えば、現在、地球温暖化がかなり速いテンポで進行し、それが気候変動に様々な影響を与え、人類の脅威になっています。化石燃料依存型の高度成長を続ければ、今世紀末には制御不可能な異常気象が発生し、何億人もの人がその犠牲になりかねません。破局を回避するためには、化石燃料依存型の経済成長と決別することが必要です。そのためには、再生可能な新エネルギーの開発が求められます。それでは、新エネルギーを開発するためにはどうすべきだろうか。革新的な技術開発を進めるためには、税制優遇措置が必要になる、化石燃料の使用を抑制するためには環境税の導入が効果的……といったように、望ましい政策の総合的な体系を作成し、望ましい社会に近づけていく、その手法がバックキャスティングです。

　フォアキャスティングの世界に馴染んできた私たちですが、これからはバックキャスティングの世界に馴染んでいかなくてはなりません。「先例がない」などの理由で、新しい挑戦を

避けていると破局への道につながります。先例がないから、バックキャスティングで新しい道を切り開くことが望ましいわけです。

　谷口●バックキャスティングのために、国際的な天然資源管理（Resource Management）体制をつくることが必要でしょう。そのためには、WTOに対抗できる力を持ったGEO（Global Environmental Organization）をつくる必要があります。一方、各国が実行すべきこととしては、サステナブルな消費のためのあらゆる対策をとることです。資源生産性の飛躍的な向上運動の展開、20世紀型ものづくりのパラダイムの転換、消費者への情報提供と協力依頼、価値観とライフスタイルの転換、サステナビリティに向けた政府による誘導政策、資源消費税の導入、地産地消の推進、農山村社会と都市社会の人・モノ・金の循環促進、3RのReduceは排出抑制ではなく投入抑制にすべきこと、などです。

　政府は、"ものづくり立国""環境立国"を標榜しています。そして、3R運動（Reduce, Reuse, Recycle）を展開しています。そこで言われているReduceは、廃棄物、有害物質、温暖化ガスなどの排出抑制を意味し、そのように捉えて3Rを展開しています。それはそれとして必要なことです。しかし、資源採掘・採取というサプライ・チェーンの最上流におけるきわめて大きな環境負荷は、一般に人々の視界に入らないために、循環型社会構築のための対策の中には考慮されないことが多いのです。枯渇性資源、その他再生不可能になってきている天然資源の投入を抑制することこそが、地球環境というグローバ

ルな視点から重要になってきています。したがって、ReduceのRは排出抑制と解釈すべきではないのです。いくら排出を抑制して、たとえゼロにしたとしても、資源の投入が大幅に減らなければ、地球環境問題は解決しないということです。投入抑制するためには、資源の生産性を飛躍的に上げることが必要です。20世紀の労働生産性と資本生産性を最重要視するものづくりの時代は終わり、21世紀は資源生産性重視のものづくりが重要な時代になったのです。

　それともう一つ、サステナビリティに最も大きな影響を及ぼすのは、何と言っても地域紛争も含めた戦争ではないでしょうか。アフリカ、アジアなどの途上国においては紛争が絶えません。その影には、武器購入のための資金源としての資源があります。また、資源そのものが戦争の原因にもなります。したがって、国連の平和維持活動を強力なものにするとともに、国際的な資源管理体制づくりが重要になります。

　ところで、一体サステナビリティは誰のためのものでしょうか。今、生きている世代の人たちだけのものでも、先進工業国のものでも、新興国のものでもないはずです。地球の天然資源と環境は、世代間と南北間で衡平性をもってサステナブルに享受できなければならないわけです。しかし、サステナビリティのための方策を考えても、現実に実行するためには、それを妨げる要素が人間社会には色々あると思いますがどうでしょう。

　平原●悩ましいところですが、経済的持続だけでサステナビリティを説くのは不十分です。現状の社会的サステナビリ

ティは、環境負荷に悪影響を与えるようなことを一部容認しないと存立できないからです。しかし社会的価値は不変ではないので、環境に悪影響の出ない社会的サステナビリティが構築できる可能性はあるでしょう。ただ、価値と社会の仕組みはかなり入り組んでいますので、この両面を変えるような方策を、地球がいつまで持ちこたえるか保証できませんから、「スピーディー」に考えることが大事です。ただ現在、国立環境研究所の行っている研究で、低炭素社会の構築というのがあるのですが、バックキャスティングでも社会的な快適さを失わずにすむ生活が強調され、以前に比べて社会的なサステナビリティも重視されてきているのは、非常によいことだと思います。

　五反田●過去の行いに学ぶことも重要だと思います。人類は長い歴史の中でサステナブルな社会をつくり成功した事例もあれば、失敗して滅びた文明もあります。成功した例に学び、失敗した例を反面教師にすることでも、持続可能な社会の構築に一つのヒントになるのではないかと思います。

おわりに
ピンチはチャンスにもなる

　司会●数々のふきげんな地球の現実から、即私たち人類がピンチに直面しているということがわかりました。悲惨な未来を迎えないためにも、ピンチはチャンスにもなるという観点から、最後に皆さんから一言ずつ頂戴したいと思います。

　谷口●サステナビリティという言葉は、皆な知っています。しかし、時々誰のためのサステナビリティかと疑いたくなることがあります。認識と意識がてんでばらばらに感じます。例えば、欧米人のためのサステナビリティなのか、一国のためのサステナビリティなのか、我々の文明のためのサステナビリティなのか、あるいは先進工業化社会のサステナビリティなのかといった具合です。世界中で、いわゆるノシズム（我々の社会、我々の宗教、我々の国家、我々の地域、我々の文明といった集団のエゴイズムのこと）によるサステナビリティを主張し合っているだけのように思えてなりません。

　キリスト教文明とイスラム教文明という二大一神教文明圏同士の軋轢（あつれき）、モダニズム信仰、市場原理主義者たちによるグローバル経済・社会システムから、南北間格差、途上国の貧困の助長、新興国の驚異的な経済成長による資源の大量消費、地域紛争、人権侵害、自然環境破壊は、止まる気配はありません。彼らの価値観、社会・経済システム、そしてライフス

タイルでは、地球は到底サステナブルではあり得ない。このことは皆等しく感じているにもかかわらず、世界は、それを変革する力強い動きにはなっていないように思えてなりません。今こそ、「サステナビリティ」を、人類共通の認識と意識、そして価値観にまでしなければならないと思います。

　遠藤●日本にとって、今、最も必要なことは、国家ビジョン＝目標を明確にすることです。ビジョンある者は悠々とし、ビジョンなき者は常に右往左往するものです。作家の開高健は「悠々として急げ」と言っていました。持続可能な社会へ向けて、"遠いまなざし"を持つべきだと思います。ビジョンが定まったら、それを実現する具体的プロセスが重要になります。例えば、低炭素社会へのビジョンづくりは不可欠でしょう。このビジョンのもと、社会制度、産業技術、生活文化（ライフスタイル）のあらゆる側面からの具体的な行動計画を"見える化"しなければなりません。老若男女、国民の誰もがわかるようにです。

　今後、迎える少子高齢化社会、人口減少社会は、環境にやさしく弱者にも優しい包摂社会でなければならないと思います。産婦人科の医師不足を放っておいたり、格差を拡大したり、自殺者やイジメが横溢したり……これらはすべて経済エゴ優先のガバナンスが主因です。英国のブレア元首相の「思想上の師」ギデンズは、「弱者を排斥し格差を拡大する"Exclusive Society"ではなく、弱者を包摂し格差を縮小する"Inclusive Society"を目指すべき」と説いています。

　政治や企業を動かすのは市民です。米国社会に変化をもた

らしたのは、大型ハリケーン「カトリーナ」と投票でした。私は、「消費することは投票することと同じである」という倫理的消費者を表す言葉を大切にしたいと思います。道徳的緊張感を伴って消費生活を行う人々の住む社会でありたい、と願っています。そこは、経済エゴ人が優遇される排他的社会ではなく、社会的弱者にも配慮する包摂社会です。弱者や敗者に思いを致すことを「惻隠の情（そくいん）」と言いますが、自然環境や弱者、価値観の異なる人々に思いを致す、異文化コミュニケーションが重要になります。

　カギは、企業と消費者の"認識の共有化"にあると思います。とりわけ、持続可能な地球の担い手は市民です。自分のみのエゴで行動する人のことを「私民」だとすれば、「市民」とは、他者の不幸・不運に思いを馳せ行動する人のことを指すのだと思います。ですから、このような市民＝地球市民を育てることです。まず、情報の共有がなければ、市民は育ちません。揺り籠から揺り籠まで、リアル体験のできるエコ教育のステージが必要だと思います。そのような社会システムへの構造改革と意識改革が急務なのではないでしょうか。

　具体的には、三つの領域があると思います。環境政治、環境技術、環境文化の三つの領域です。言い換えると、国家ビジョン、科学技術、ライフスタイルの三領域です。

　まず、環境政治の領域では、EUを中心に世界的な環境覇権競争が起きています。「国家間のCS（社会的責任）戦争」と言っても過言ではありません。どの国が地球環境に配慮し貢献する国なのか、いわば国家ビジョン競争です。その主軸を成すのが環境統治（ガバナンス）です。すでにEU諸国やブータ

ンのように、憲法で環境権を謳い、地球環境保全を国家目標の主柱に掲げる国々があります。環境技術先進国の日本こそ、憲法に「環境権」を掲げ、「低炭素社会」を目指す「環境立国」を謳うべきだと思います。環境税導入の是非をめぐって、環境省と経済産業省が綱引きをしている場合ではありません。化石エネルギーなど枯渇資源の限界がやってきています。オイルショック時には、テレビ放送規制やガソリンスタンド規制が採られ、国を挙げて省エネ・省資源に取り組みました。今こそ、国家経営ビジョンのルネサンスが必要です。具体的には、代替エネルギーの開発、再生可能エネルギーへの転換、先進国中最低の40％しかない食料自給率の回復などが優先課題となります。日本社会では未だ、政治、経済、メディアなどで、少子高齢化社会の到来をネガティブにとらえる考え方が支配的です。右肩上がりの成長神話が、惰性的に支配しているからです。環境問題においては、少子高齢化はむしろ歓迎すべき未来ではないでしょうか。

　ベトナム戦争に異義を唱え、ストックホルム国連人間環境会議を主宰したスウェーデンの故パルメ首相は1972年に、こう述べました。「科学者の役割は、事態があまり深刻にならないうちに事実を指摘することにある。科学者は、わかりやすいかたちで政治家に問題を提起してほしい。政治家の役割は、科学的な判断に基づいて政策を実行に移すことにある。その最も具体的な表現は、政府の予算だ。政策の意図が、政府の予算編成に反映されることが必要だ」と。これこそ、環境ガバナンスの大原則であり、要諦であると思います。地球環境で起こっている事象を科学的に検証すること、そして判明し

た事実に忠実であることです。

司会●科学技術の分野も、開発優先の考え方を大きく転換させることが急務です。

遠藤●この分野も、国際的なメガコンペティションにさらされています。有害化学物質使用規制や環境性能規制により、ビジネス界はますます"環境問題の狭き門"に挑戦しなければなりません。今ほど、企業の環境経営や商品の環境性能が問われる時代はありません。幸い、地球環境に配慮した消費生活を志向するグリーンコンシューマーが台頭してきました。例えば、詰め替え容器、液晶テレビ、ノンフロン冷蔵庫、低公害車の好調も、このような消費者に好感を持たれたからです。松下電器のように、かつての製品に比べ、消費電力など環境性能の優れた商品への買い替えを促進するキャンペーンも増えてきました。その背景には、様々な科学技術の開発がありました。EUが使用を禁止した鉛フリーの製品化、家電から家電へ何度も自己循環させる「クローズドリサイクル」への技術も開発されています。植物由来のエネルギーを開発するバイオ技術開発も、企業生き残りの新領域になってきました。このようなハイテクとは別に、中国やアジア諸国からは、日本の公害対策技術のようなローテクによる技術援助も期待されています。科学技術に基づくアジア諸国との環境友好外交を積極果敢に展開したいものです。

最後に、ライフスタイルの領域があります。生活者＝消費者の意識変革の領域です。環境ガバナンスを進めるパワーの

源泉は、市民です。行政をリードする市民が必要です。先ほど述べたように、「消費することは投票することと同じである」と考える「倫理的消費者」を増やしたい。地球環境に配慮した商品を選別、そのような商品を開発している企業を選別するためにも、優れた「環境コミュニケーション」の世界が構築されなければなりません。幼少の頃からの「環境教育」の重要性、マスコミのCSR経営も肝要です。

　英国社会には、住民にキャパシティが生まれないと解決への道へ進めないという意味で、「キャパシティ・ビルディング」というソフト評価軸が、社会システムやライフスタイルに組み込まれています。貧しくても「やる気のある」人々を支援するシステムです。例えば、英国で生まれた環境再生運動の「グラウンドワーク」は、この評価軸が最も有効に機能するボトムアップのシステムです。英国では、"市役所職員からグラウンドワーク職員へ"という転職スタイルがナウいのだと言います。英国社会には、私的な利益よりも公共の利益を重視する価値観があることを物語っています。政治、経済、文化、メディアを挙げて、このような価値観に基づくライフスタイルへの転換を図ることです。社会システムの中に、この「キャパシティ・ビルディング」の考え方を取り入れることが必要です。

　松尾●キャパシティ・ビルディングの考え方は、物理的なインフラにも必要です。今よりも積極的にサステナビリティに貢献できると思います。気候変動への適応策や、自然災害に備えることは当然ですが、もう一歩踏み込んで、都市住民

にサステナビリティを考えさせる工夫ができると思います。具体的には、世田谷区では欅(けやき)の大木を中心に数世帯が寄り集まって、集合住宅を設計したコーポラティブハウスなどの取り組みが成果を上げています。次の展開としては、共有財産を分かち合う仕組みを都市構造に取り込むべきです。大木の周りに住むことは難しくても、地域資産を意識させる工夫はあります。上下水道も、大規模供給を集約した方が効率的ですが、これ以上のハイテク化は現実的ではないと思います。さらに、テロや地震災害には非常に弱くなっていますので、発想を変えてローテクとキャパシティ・ビルディングを合わせて、分散型で柔軟なシステムを持つべきです。雨水タンクなどを個人単位で設置するのは非効率ですが、地域レベルでは可能性がまだまだ多いはずです。

　平原●サステナビリティを論じる時は、どうしても「あるべき」論が先行してしまいます。しかし、社会的に環境に沿った活動が取れない場合もあります。そのため、サステナビリティの維持には、環境に合わない社会的な価値をどのように環境に合う価値に変えていくか、簡単に変えられない場合には、環境に合うような似た代替的な価値をつくることができるかどうかが大事になります。こうしたものをつくり出すことで、自然と環境に悪影響を与えない仕組みをつくることが必要になるでしょう。そのためには、もっと自然科学と社会科学の話し合いが大事になると思いますし、その結果、がまんする環境問題ではなくて、楽しみながら解決する環境問題にしていくことが広まればよいとも思います。

五反田●持続可能な社会が叫ばれて、それに向かって社会が動き出しつつある空気が感じられます。しかし、まだ多くの人々は、一体どうしたらよいのかわからないと感じているのではないでしょうか。政府は3Rなどを推進していますし、原油や金属の価格も上昇していて資源危機も想起されますが、誰もどうすればよいのか正解を教えてくれない。しかし、私たち日本人は、ついこの前まで世界でもまれに見るサステナブルな社会をつくって生活をしていたわけです。日本人として誇るべきものを教育し、もったいない精神をはじめとする日本人のモノを大切にする心を取り戻すことが重要なのではないでしょうか。そして、もったいない精神を世界に発信していくことが必要だと思います。

　丹羽●一昔前、日本で環境問題と言えば、個人レベルでは生活に密着した騒音や日照権などを意味し、地域レベルでの環境汚染が問題となり始めたのは、50年ほど前のことです。それからしばらく経って、地球温暖化やオゾンホールなど、地球レベルの環境破壊が指摘されるようになりました。現在、私たちが直面しているのは、人類が過去に経験したことのない環境問題であると同時に、短い猶予期間での有効な対応が求められています。手遅れにならないためには、まず環境破壊がどのような結果をもたらすかを認識し、それに対する危機意識を共有することが必要だと思います。

　最近になってやっと、新聞やテレビなどのメディアが環境に関する特集を組むようになりましたが、多くの場合、伝わってくるのは問題を他人事のように眺める、資源の管理者の

立場に立った人間中心主義であり、問題の本質に言及し、問いかけて考えを引き出そうとする番組は、ごくわずかのように思います。

地球生態系がサステナブルであるために、生態系の現状を知り、将来を予測し、今、何をしなければならないか、自分たちには何ができるのかを考え、行動することは大切なことだと思います。ただ、このようなことは教育の視点で論じられる傾向が強く、次世代任せの感が否めません。膨張し続ける今の社会を収縮に向けるための具体的な対応が急務であることを、社会を動かしている大人たちは受け止める必要があるでしょう。

三橋●IPCCの報告書によれば、地球温暖化による悪影響を抑制するためには、2050年に温室効果ガスの排出量を世界全体で今の半分にすることが必要です。このような視点から、2050年の日本の社会を展望すると、温室効果ガスの排出量を90年比で70％（削減量8億8,000万トン）程度削減した理想的な低炭素社会を実現することが必要だし、その実現の可能性は高いと思います。

まず、人口が大きく減少します。それが低炭素社会を目指す日本には、大きな追い風になります。2005年の日本の人口は約1億2,800万人ですが、50年には約9,500万人まで減少（「国立社会保障・人口問題研究所」推定）します。差し引き3,300万人少なくなります。

現在、日本人の一人当たり温室効果ガスの排出量は、年間約10トンです。したがって、人口減少によって2050年の日本の

エネルギー需要は、現在より3億3,000万トン減少することになります。それだけで、70%削減の約37%がカバーできます。図8からも明らかなように、日本の人口は30年以降、年率で1%近く減少します。その影響で、経済成長率はゼロ成長近くになり、40年以降はマイナス成長に転ずる可能性が大きく、経済規模そのものが縮小に向かうでしょう。50年には、人口減少と経済規模の縮小などによって、放っておいても削減目標の4割近くが達成できる見通しです。

一方、温室効果ガスの排出量を50年に一人当たり排出量が4トンまで削減できれば、5億7,000万トン（9,500万人×6トン）が削減できることになります。人口減少効果などと合わせる

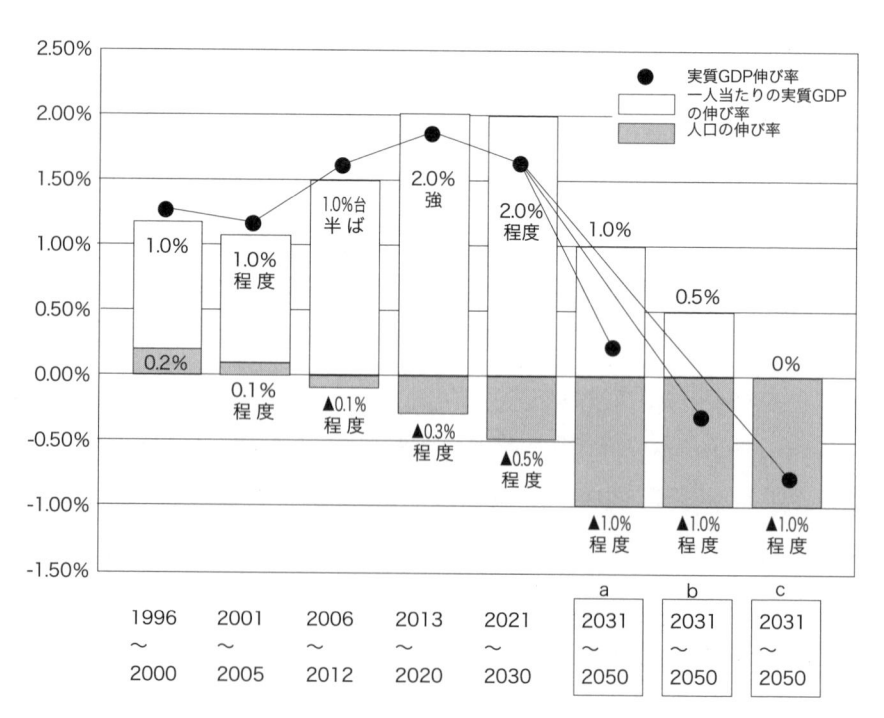

図8　一人当たりの実質GDPの展望　人口と実質成長率が低下する中で、一人当たりのGDPの水準を維持することがこれからの課題（2030年までは「日本21世紀ビジョン」〔内閣府〕による）

と70％強の削減は十分可能です。一人当たりの排出量を現在の10トンから4トンまで引き下げるためには、風力や太陽光、バイオマスなどの新エネルギー技術や革新的な省エネ技術の開発、省エネ製品の普及、さらに環境税やキャップ・アンド・トレード方式（排出枠取引）による排出権取引制度の導入、新エネ、省エネ技術を普及させるためのインセンティブ税制、省エネ型のライフスタイルの定着などが必要です。

　これに対し、「世界全体で半減」の実現は、かなりの困難が予想されます。最大の理由は、世界人口が引き続き大幅に増加すると見られるからです。現在、世界の人口は約66億人ですが、国連人口基金の予測によると、50年には90億人を突破する見通しです。人口が増えれば、温室効果ガスの排出量も当然増えるでしょう。第2に、中国やインドなどの人口大国の経済発展は、50年へ向けてさらに加速化してくることが見込まれ、それに伴い温室効果ガスの排出量も増加基調を辿るでしょう。特に途上国は、削減目標の数値義務には強いアレルギーを持っています。2007年12月にインドネシア・バリ島で開かれた気候変動枠組み条約締約国会議（COP13）でも、彼らの基本姿勢は変わりませんでした。しかし、しぶしぶながらも、全員参加の削減の枠組みづくりを2009年末までに完成させる工程表（バリ・ロードマップ）の採択には合意しました。

　このような情勢変化を踏まえて、日本が、「世界全体で半減」のリーダーシップをとるためには、まず短期目標の「京都議定書」の公約をきちんと達成することが前提になります。その上で、具体的には、①50年の日本の目標として70％削減を公約として掲げ、国民運動としてその達成に取り組むこと、②

企業は炭素税や排出権取引制度などを制約条件として拒否せず、新たなビジネスチャンスとして受け止めること、③国民は省エネ型のライフスタイルの定着に努力すること、などに取り組むことです。

　50年後の日本の人口約9,500万人は、今のドイツ（8,200万人）に近いと思われます。経済規模は多少縮小しても、一人当たりGDPの水準を落とさず、維持・向上させることができれば、低炭素社会に基礎を置く質の高い、持続可能な環境立国のモデルを世界に示すことが可能になります。

おわりに　ピンチはチャンスにもなる

座談会参加者──私の生活信条

三橋規宏　千葉商科大学政策情報学部　教授

生活信条●「地球は有限、されど人間の知恵は無限！」──じつはこの標語、私のホームページのキャッチフレーズです。地球限界時代の私たちは、「膨張の時代」を乗り越える本物の知恵と行動が求められています。

丹羽宗弘　千葉商科大学政策情報学部　教授

生活信条●内には消エネを、外には省エネを心がけています。消エネとはメタボ対策として、体内に溜まったエネルギーを消費すること。メタボが解消すれば、車や空調を頻繁に使うこともなくなります。つまり、「消エネは省エネに通ず」です。

谷口正次　千葉商科大学政策情報学部　客員教授

生活信条●地球環境問題は、技術がやがて解決してくれるだろうという「技術的楽観主義」が根強い。技術は解決の一つの手段。これまで物質文明の手先となって、限りない便利さ追求のために貢献してきた。しかし、責めを負うべきことも多い。

遠藤堅治　千葉商科大学政策情報学部　客員教授

生活信条●Bridge the Gaps。人々の間に横たわっている認識ギャップに橋を架けること。地球環境問題のカウンターカルチャー（対抗文化）を創出するには、先人の想いを紡ぎ、それを後生へつなぐことも大切だと考えている。「恩は下に返せ」の精神である。子どもの頃、ボーイスカウトに入隊し「備えよ、常に」と教わった。このプロアクティブ思考を貫きたい。

平原隆史　千葉商科大学政策情報学部　准教授

生活信条●いい意味で「怠け者」になること。それは行動の中で何が無駄で、何が必要かを考えようとすること。だが必要な行動には手は抜かない。環境問題はこうした「怠け者」の方が、無理な対策を考えない。

五反田克也　千葉商科大学政策情報学部　専任講師

生活信条●少しずつ無駄をなくし、正しい知識（科学的）を身につけ、真に環境にやさしい行動をする。

松尾寿裕　株式会社　ライトレール

生活信条●野菜の物語を教えてくれる八百屋さんで買い物をしています。家具等の木材製品は、違法伐採でない認証のある物を（売っているお店で）買っています。会社まで自転車で通えるので、荷物や天気次第で自転車通勤しています（メタボリックに注意しています）。

地球は一つの巨大なシステムである。

サステナビリティ辞典

最寄りの書店にてご注文下さい☎

● 文系、理系の垣根を取り除き、人類の未来を照らす1100の智恵を収録

ISBN978-4-907717-78-0

定価：本体2600円+税